21世纪高等学校计算机规划教材

21st Century University Planned Textbooks of Computer Science

大学计算机基础实验指导

Computer Based Laboratory Instruction

李鹏 李楠 主编

朱斌 主审

人民邮电出版社

北京

图书在版编目（CIP）数据

大学计算机基础实验指导 / 李鹏，李楠主编. -- 北京：人民邮电出版社，2016.8（2017.7重印）
21世纪高等学校计算机规划教材
ISBN 978-7-115-42555-3

Ⅰ. ①大… Ⅱ. ①李… ②李… Ⅲ. ①电子计算机－高等学校－教学参考资料 Ⅳ. ①TP3

中国版本图书馆CIP数据核字(2016)第118779号

内容提要

本书是和李楠、李鹏主编的《大学计算机基础》（人民邮电出版社出版）相配套的上机实验指导教材。

根据主教材中操作部分的内容和需要，本书共安排了 7 个大类的实验项目，主要内容包括计算机基本操作、文字处理、电子表格、演示文稿制作、Flash 动画制作、Internet 应用、数据库操作。每个实验项目都详细叙述了所要达到的目的和操作的步骤，力图通过这些有针对性的内容使学生掌握计算机的基本操作方式，体会计算机设计者的思维逻辑。

本书适合各类高等学校非计算机专业“大学计算机基础”课程的实验教学。

◆ 主　　编　李　鹏　李　楠
主　　审　朱　斌
责任编辑　王亚娜
责任印制　焦志炜

◆ 人民邮电出版社出版发行　　北京市丰台区成寿寺路 11 号
邮编　100164　　电子邮件　315@ptpress.com.cn
网址　http://www.ptpress.com.cn
北京鑫正大印刷有限公司印刷

◆ 开本：787×1092　1/16
印张：8　　　　2016 年 8 月第 1 版
字数：195 千字　　　　2017 年 7 月北京第 2 次印刷

定价：21.00 元

读者服务热线：(010)81055256　印装质量热线：(010)81055316
反盗版热线：(010)81055315

《大学计算机基础实验指导》编委会

主　审：朱　斌

主　编：李　鹏　李　楠

编　委：汪　青　张　瑾　李延珩

前　言

本书是和李楠、李鹏主编的《大学计算机基础》（人民邮电出版社出版）相配套的上机实验指导教材，是为了配合“大学计算机基础”课程的教学，进一步提高学生的实际操作和综合应用能力而编写的。

本书实验内容详实、覆盖面广、操作性强，使初学者知道上机时该做些什么、应掌握哪些内容。通过每个实验，以循序渐进的方式引导学生掌握计算机的基本操作方式以及常用软件的使用方法，提高学生独自解决问题以及使用多种方法处理问题的能力，体会计算机设计者的思维逻辑。本书有利于不同层次学生的学习，起到了辅助教学的目的，适合各类高等学校“大学计算机基础”课程的实验教学。

根据主教材中操作部分的内容和需要，本书共安排了7个大类的实验项目，每个实验项目都详细叙述了所要达到的目的和操作的步骤，主要内容包括计算机基本操作、文字处理、电子表格、演示文稿制作、Flash动画制作、Internet应用、数据库操作。使用本教材时可以根据学校具体的要求和学生的具体情况选择不同的实验内容。

本书由多位长期从事计算机基础教学工作的一线骨干教师共同编写完成。其中，第1、4、5章由李鹏编写，第2章由汪青编写，第3章由张瑾编写，第6章由李楠编写，第7章由李延珩编写，全书由李鹏统稿。

在本书的编写过程中，还得到了许多老师的热情支持与帮助，在此表示由衷的感谢。

编　者

2016年4月

目　录

第1章

计算机基本操作

实验一 键盘及指法练习

一、实验目的

（1）熟悉键盘的结构以及各键的功能和作用。

（2）了解键盘的键位分布并掌握正确的键盘指法。

（3）掌握打字练习软件“金山打字通”的使用。

二、相关知识

1．键盘

键盘是用户向计算机输入数据和命令的工具，正确地掌握键盘的使用，是学好计算机操作的第一步。PC 键盘通常分为 5 个区域，分别是主键盘区、功能键区、控制键区、数字键区和状态指示区，如图 1-1 所示。

图 1-1 键盘示意图

（1）主键盘区

① 字母键：主键盘区的中心区域，按下字母键，屏幕上就会出现对应的字母。

② 数字键：主键盘区上面第一排，直接按下数字键，可输入数字，按住 Shift 键不放，再按数字键，可输入数字键中数字上方的符号。

③ Tab（制表键）：按此键一次，光标后移一个固定的字符位置（通常为 8 个字符）。

④ Caps Lock（大小写转换键）：输入字母为小写状态时，按一次此键，键盘右上方 Caps Lock 指示灯亮，输入字母切换为大写状态；若再按一次此键，指示灯灭，输入字母切换为小写状态。

⑤ Shift（上档键）：有的键上面有上下两个字符，称为双字符键。当单独按这些键时，

则输入下档字符；若按住 Shift 键不放，再按双字符键，则输入上档字符。

⑥ Ctrl（控制键）：不能单独使用，需要和其他键组合实现特殊功能。

⑦ Alt（转换键）：不能单独使用，需要和其他键组合实现特殊功能。

⑧ Space（空格键）：按此键一次产生一个空格。

⑨ Backspace（退格键）：按此键一次删除光标左侧一个字符，同时光标左移一个字符位置。

⑩ Enter（回车换行键）：按此键一次光标移动到下一行。

（2）功能键区

① F1 ~ F12（功能键）：键盘上方区域，通常将常用的操作命令定义在功能键上，不同的软件中功能键有不同的定义，如 F1 键通常定义为帮助功能。

② Esc（退出键）：位于键盘的左上角，一般用做放弃当前操作或退出当前运行的软件。

③ Print Screen（打印键/拷屏键）：按此键可将整个屏幕复制到剪贴板；按 Alt+Print Screen 组合键可将当前活动窗口复制到剪贴板。

④ Scroll Lock（滚动锁定键）：目前该键已很少用到。在使用软件 Excel 时，在 Scroll Lock 关闭的状态下，使用↑、↓（光标移动键）时，单元格选定区域会随之发生移动；但是当按下 Scroll Lock 键后，就不会移动被选定的单元格。

⑤ Pause Break（暂停键）：用于暂停执行程序或命令，按任意字符键后，再继续执行。

（3）控制键区

① Insert（插入/改写转换键）：按下此键，进行插入/改写状态转换。插入状态时，在光标位置输入的字符对后面的字符无影响；改写状态时，输入的字符将覆盖光标后面的字符。

② Delete（删除键）：按下此键，会删除光标右侧的字符。

③ Home（行首键）：按下此键，光标移到行首。

④ End（行尾键）：按下此键，光标移到行尾。

⑤ PageUp（向上翻页键）：按下此键，光标定位到上一页。

⑥ PageDown（向下翻页键）：按下此键，光标定位到下一页。

⑦ ←、→、↑、↓（光标移动键）：分别按下这些键，会使光标向左、向右、向上、向下移动。

（4）数字键区

该键区有两种状态，可通过该区域左上角的数字锁定转换键（Num Lock）进行转换。当 Num Lock 指示灯亮时，该区处于数字键状态，可输入数字和运算符号；当 Num Lock 指示灯灭时，该区处于编辑状态，利用小键盘的按键可进行光标移动、翻页、插入、删除等操作。

（5）状态指示区

状态指示区包括 Num Lock 指示灯、Caps Lock 指示灯和 Scroll Lock 指示灯。根据相应指示灯的亮灭，可判断出当前的数字键盘状态、字母大小写状态和滚动锁定状态。

2．键盘指法

（1）基准键与手指的对应关系

基准键位：字母键第 2 排的 A、S、D、F、J、K、L 和；8 个键为基准键位。

基准键与手指的对应关系如图 1-2 所示。F 键和 J 键上都有一个凸起的小横杠或小圆点，盲打时可以通过它们找到基准键位。

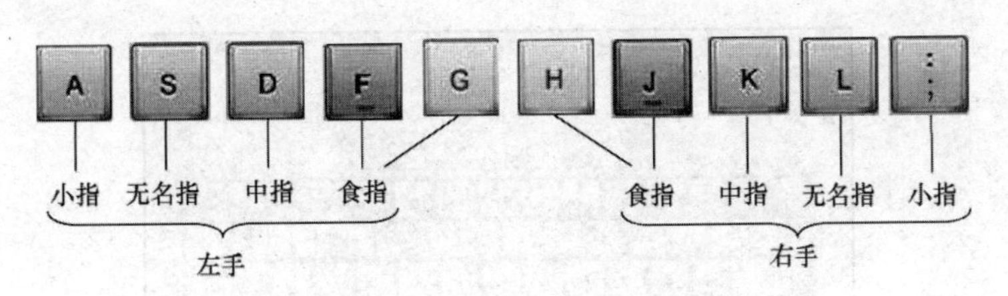

图 1-2　基准键与手指的对应关系

（2）键位的指法分区

在基准键的基础上，其他字母、数字和符号与 8 个基准键位相对应，指法分区如图 1-3 所示。虚线范围内的键位由规定的手指管理和击键，左右外侧的剩余键位分别由左右手的小拇指来管理和击键，空格键由大拇指负责。

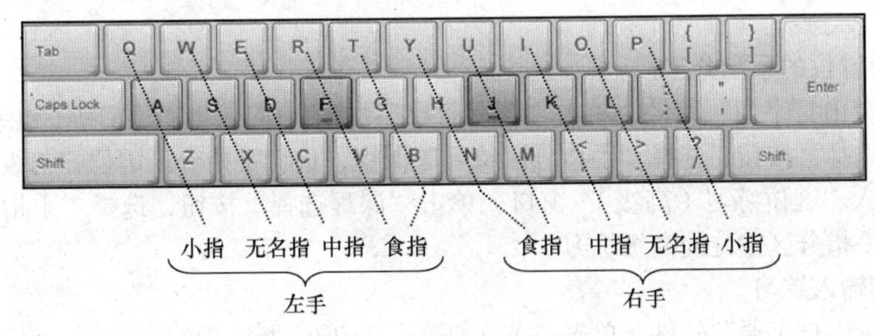

图 1-3　键位指法分区图

（3）击键方法

① 手腕平直，保持手臂静止，击键动作仅限于手指。

② 手指略微弯曲，微微拱起，以 F 键和 J 键上的凸起横条为识别记号，左右手食指、中指、无名指、小指依次置于基准键位上，大拇指则轻放于空格键，在输入其他键后手指重新放回到基准键位。

③ 输入时，伸出手指敲击按键，之后手指迅速回到基准键位，做好下次击键准备。如需按空格键，则用大拇指向下轻击；如需按回车键，则用右手小指侧向右轻击。

④ 输入时，目光集中在稿件上，凭手指的触摸确定键位，初学者尤其不要养成用眼确定指位的习惯。

三、实验内容

使用“金山打字通”软件进行打字练习，要求从基准键开始，输入正确的同时兼顾速度，循序渐进，直至熟练掌握盲打快速输入。

1．熟悉基准键的位置

打开“金山打字通”软件，单击“英文打字”按钮，进入“键位练习（初级）”窗口，如图 1-4 所示。单击“课程选择”按钮，选择“键位课程一：asdfjkl;”课程，进行基准键位的初级练习。熟练掌握后，进入“键位练习（高级）”窗口，单击“课程选择”按钮，选择“键位课程一：asdfjkl;”课程，进行基准键位的高级练习。

图 1-4 “金山打字通”打字练习界面

2．熟悉键位的手指分工

打开“金山打字通”软件，单击“英文打字”按钮，进入“键位练习（初级）”窗口，单击“课程选择”按钮，选择“手指分区练习”课程，进行手指分区键位的初级练习。熟练掌握后，进入“键位练习（高级）”窗口，单击“课程选择”按钮，选择“手指分区练习”课程，进行手指分区键位的高级练习。

3．单词输入练习

打开“金山打字通”软件，单击“英文打字”按钮，进入“单词练习”窗口，在“课程选择”中选择课程进行单词输入练习。

4．文章输入练习

打开“金山打字通”软件，单击“英文打字”按钮，进入“文章练习”窗口，在“课程选择”中选择课程进行文章输入练习。

实验二 Windows 7 基本操作

一、实验目的

（1）掌握 Windows 7 的基本知识和基本操作。

（2）掌握 Windows 的程序管理方法。

二、实验内容

1．桌面和任务栏的设置

（1）显示/隐藏桌面上的图标

例如，隐藏桌面上的“计算机”和“网络”等图标。

操作步骤如下。

① 在桌面的空白处右击，从弹出的快捷菜单中选择“个性化”命令，进入如图 1-5 所示的界面。

② 选择对话框中左侧的“更改桌面图标”选项卡，打开“桌面图标设置”对话框，如图 1-6 所示。

③ 取消选择“桌面图标”栏中的“计算机”和“网络”复选框，然后单击“确定”按钮，即可隐藏桌面上的“计算机”和“网络”两个图标。

（2）重排桌面图标

操作步骤如下。

① 用鼠标指针指向桌面空白处，右击。

② 在快捷菜单中将鼠标指针指向“排序方式”，如图 1-7 所示。

③ 根据自己的需要，对桌面图标进行排列，例如，可以选择按照名称、大小、项目类型或修改日期进行排列。

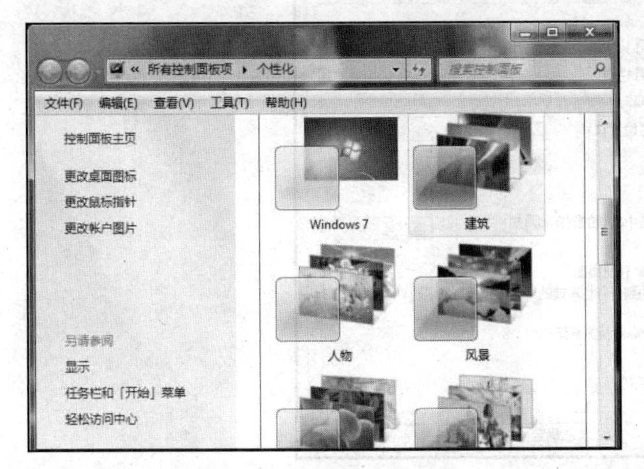

图 1-5 “个性化”对话框

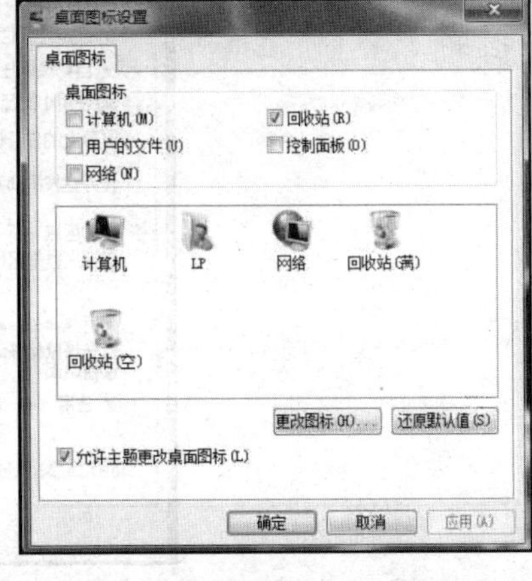

图 1-6 “桌面图标设置”对话框

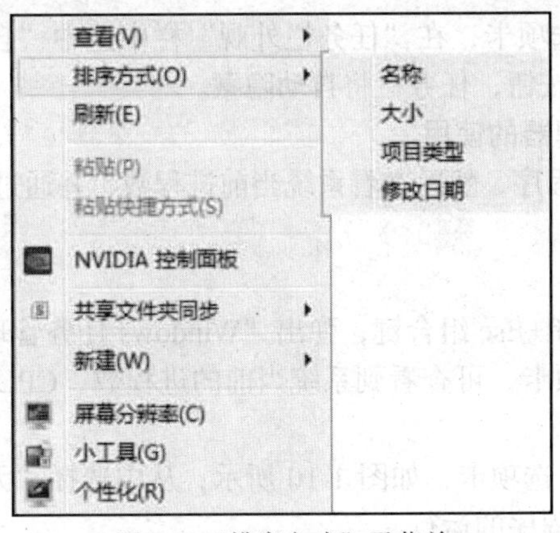

图 1-7 “排序方式”子菜单

此外，用户也可以在桌面上选中图标，任意拖动到指定位置。应该注意的是，当选择“自动排列”命令后，用户就无法任意拖动鼠标指针排列图标了。

（3）添加/删除桌面上的图标

例如，在桌面上添加一个 Microsoft Word 2010 的快捷方式，然后将其删除。

操作步骤如下。

① 单击“开始”按钮，选择“所有程序”→“Microsoft Office 2010”，找到“Microsoft Word 2010”，右击。

② 在弹出的快捷菜单中选择“发送到”→“桌面快捷方式”命令，即可在桌面上增加一个“Microsoft Word 2010”图标。

③ 选中“Microsoft Word 2010”图标，右击，在弹出的快捷菜单中选择“删除”命令即可将其删除；或选中图标后直接按 Delete 键，也可将其删除。

（4）设置任务栏自动隐藏

操作步骤如下。

① 用鼠标指针指向任务栏并右击，在弹出的快捷菜单中选择“属性”命令，打开如图

1-8 所示的“任务栏和「开始」菜单属性”对话框。

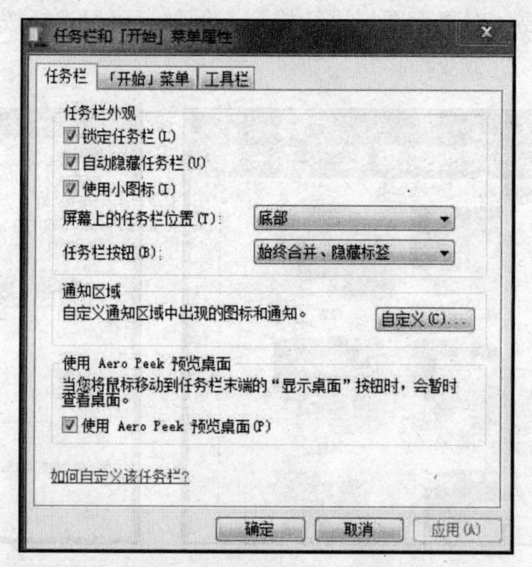

图 1-8 “任务栏和「开始」菜单属性”对话框

② 选择“任务栏”选项卡，在“任务栏外观”栏中选中“自动隐藏任务栏”复选框，单击“应用”和“确定”按钮，任务栏将自动隐藏。

2．Windows 任务管理器的使用

例如，启动“画图”程序，然后查看系统当前进程数，并通过 Windows 任务管理器终止“画图”程序。

操作步骤如下。

① 同时按住 Ctrl+Shift+Esc 组合键，弹出“Windows 任务管理器”窗口。

② 选择“进程”选项卡，可查看到系统当前的进程数、CPU 等的使用情况，如图 1-9 所示。

③ 选择“应用程序”选项卡，如图 1-10 所示，从中选择“无标题-画图”，单击“结束任务”按钮，即可终止该程序的运行。

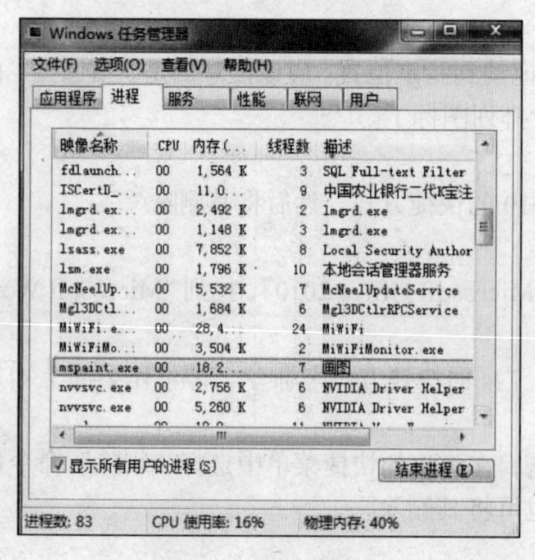

图 1-9 查看进程数

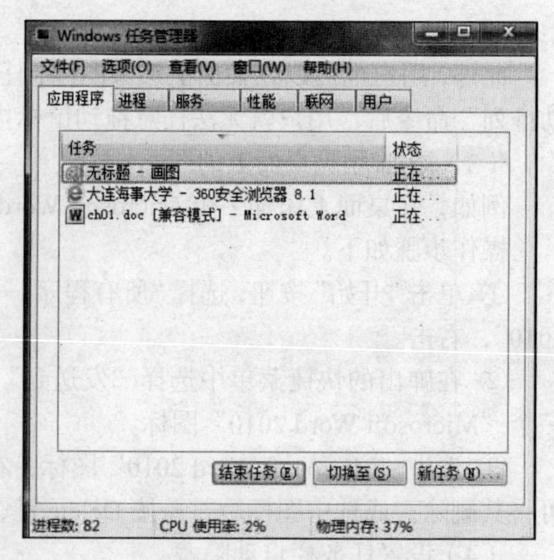

图 1-10 终止程序的运行

3．回收站的操作

例如，删除桌面上的文件“Word 实验”（没有该文件可自己创建或选择其他文件），首先将其移至回收站，然后再将它还原。

操作步骤如下。

① 鼠标指针指向“Word 实验”文件，右击，从弹出的快捷菜单中选择“删除”命令，弹出“删除文件”信息提示框，单击“是”按钮，则“Word 实验”文件被删除，如图 1-11 所示。

② 双击桌面上的“回收站”，在“回收站”窗口中找到刚才删除的“Word 实验”文件，然后右击此文件，从弹出的快捷菜单中选择“还原”命令，“Word 实验”文件就会恢复到原始的桌面位置上，如图 1-12 所示。

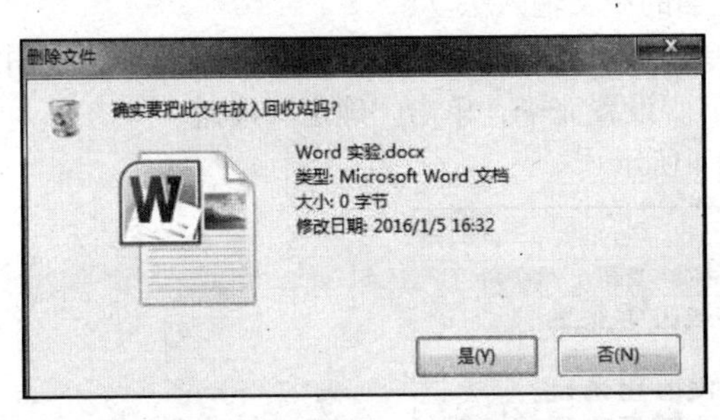

图 1-11 “删除文件”对话框

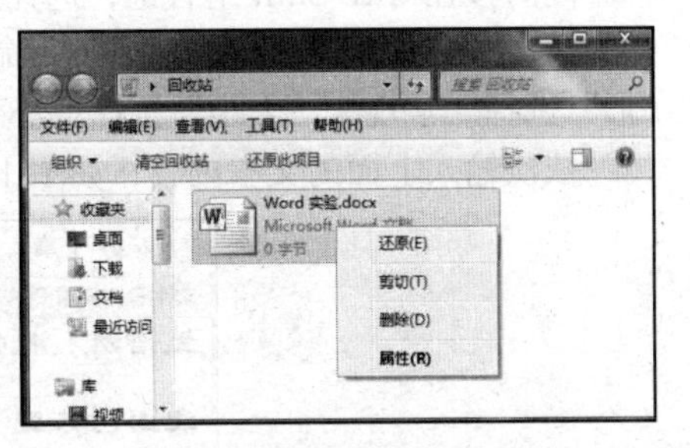

图 1-12 删除文件“还原”操作

4．软键盘的使用

例如，在“记事本”窗口中输入以下特殊字符：

§ №☆★○◎◆□▲※←↓〓¤℃‰€♂♀

①②③ⅡⅤⅦⅧⅫ⒄⒇壹贰叁肆柒捌玖

α β δ ζ θ μ π φ χ Γ Ε Δ Ξ Σ Ψ Ω

± ≈ ≠ ≤ ≌ √ ∞ × ÷ 『 』〖 〗⊙ ∴

操作步骤如下。

① 选择“开始”→“所有程序”→“附件”→“记事本”，打开“记事本”窗口。

② 选择“搜狗拼音输入法”，右击输入法状态栏的“软键盘”按钮，弹出快捷菜单，如图 1-13 所示。

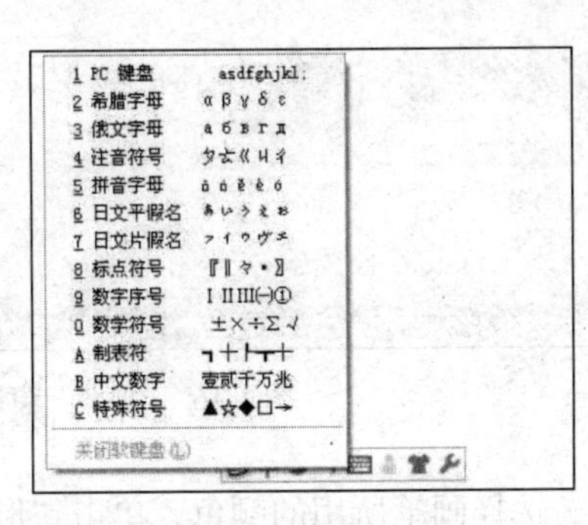

图 1-13 “软键盘”菜单

③ 选择软键盘下的各符号选项，即可按需要输出各种特殊符号。

5．用“记事本”创建一个文件

例如，在“记事本”窗口中输入以下内容。

孟浩然：秋登兰山寄张五

北山白云里，隐者自怡悦。
相望始登高，心随雁飞灭。
愁因薄暮起，兴是清秋发。
时见归村人，沙行渡头歇。
天边树若荠，江畔洲如月。
要求：字体为隶书，字号为小三号字。
操作步骤如下。

① 选择“开始”→“所有程序”→“附件”→“记事本”，打开“记事本”窗口。

② 同时按住 Ctrl+Shift 组合键，选择适当的中文输入法。

③ 选择“格式”菜单中的“字体”命令，弹出“字体”对话框。“字体”选择“隶书”，“字形”选择“常规”，“大小”选择“小三”。设置完毕，单击“确定”按钮。

④ 依次输入上面的文本内容，如图 1-14 所示。

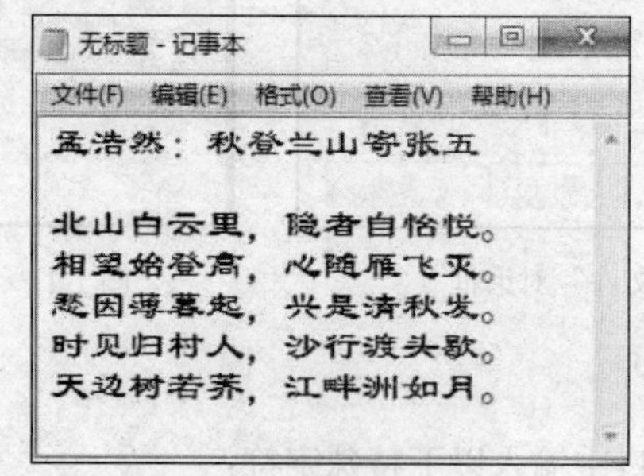

图 1-14 “笔记本”窗口

6．用“画图”程序绘制图形

例如，使用 Windows 画图程序绘制图形，如图 1-15 所示。

操作步骤如下。

① 单击“开始”按钮，选择“所有程序”→“附件”→“画图”，打开“画图”窗口，如图 1-16 所示。

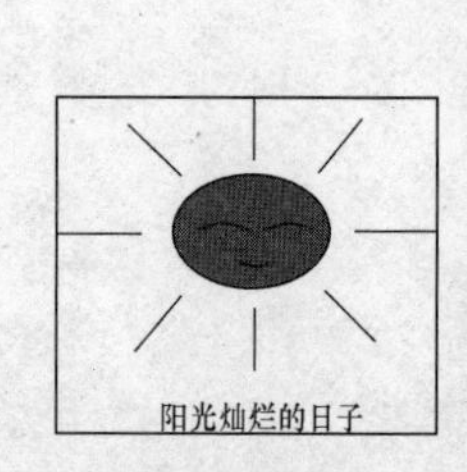

图 1-15 画图

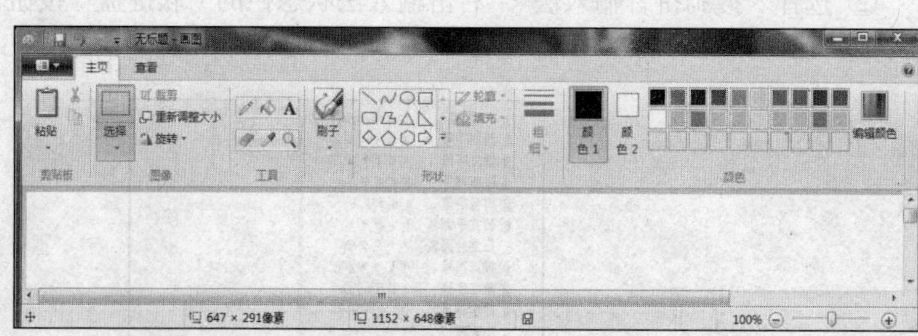

图 1-16 “画图”窗口

② 在“颜色”选项卡中，选择画笔所用的颜色，单击“形状”选项卡中的“椭圆”按钮，画一个适当大小的圆圈；单击“直线”按钮，画出几条直线；单击“曲线”按钮，在圆内画出几条曲线。

③ 在“工具”选项卡中，单击“用颜色填充”按钮，接着在“颜色”选项卡中选择填充所用的颜色后，在椭圆内填色。

④ 单击“文本”按钮**A**，在图形下方创建文本框。在呈现出的“文本工具”中，设置字体、字号和字形，然后输入相应的文字。

实验三 文件与文件夹操作

一、实验目的

（1）掌握文件与文件夹的一般操作。

（2）掌握“我的电脑”和 Windows 资源管理器的使用方法。

二、实验内容

1．保存文件

例如，将实验二第 5 项用“记事本”创建的文件进行保存，文件名为“孟浩然诗”，存放位置为 D 盘根目录下的“诗歌”文件夹中。

操作步骤如下。

① 在“记事本”窗口中，选择“文件”菜单中的“保存”命令，弹出“另存为”对话框，如图 1-17 所示。

② 在“保存在”下拉列表框中选择文件的保存位置：“D:\诗歌”。

③ 在“文件名”文本框中输入“孟浩然诗”。

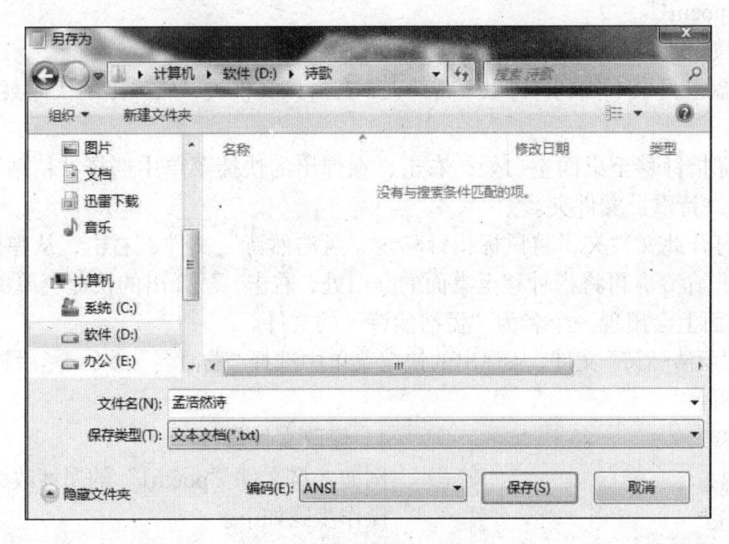

图 1-17 “另存为”对话框

④ 将“保存类型”设置为“文本文档（*.txt）”，单击“保存”按钮即可。

2．创建文件夹

例如，在 D 盘根目录下的“诗歌”文件夹中（路径：D:\诗歌），创建一个文件夹，名称为“我喜爱的诗”。

操作步骤如下。

① 双击“计算机”图标，选择 D 盘根目录下的“诗歌”文件夹。

② 在窗口中选择“文件”菜单中的“新建”→“文件夹”命令，此时可以看到在路径“D:\诗歌”下增加了一个新文件夹，名称为“新建文件夹”，如图 1-18 所示。

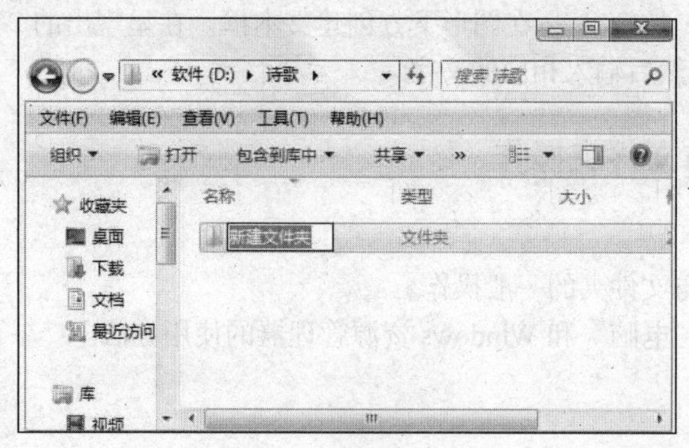

图 1-18　新建文件夹

③ 输入“我喜爱的诗”，然后按 Enter 键即可完成文件夹的创建。

创建文件夹的另一种方法是在选定位置处右击，在弹出的快捷菜单中选择“新建”→“文件夹”命令。

3．复制、移动文件与文件夹

例如，将文件夹“诗歌”复制到桌面，然后将文件夹中的“孟浩然诗”文件移动到桌面，并重命名为“poem1”。

操作步骤如下。

① 在 D 盘根目录下找到“诗歌”文件夹，右击该文件夹，从弹出的快捷菜单中选择“复制”命令。

② 将鼠标指针移至桌面空白处，右击，在弹出的快捷菜单中选择“粘贴”命令，桌面上会出现一个“诗歌”文件夹。

③ 双击打开此文件夹，将鼠标指针移至“孟浩然诗”文件，右击，从弹出的快捷菜单中选择“剪切”命令，再将指针移至桌面的空白处，右击，从弹出的快捷菜单中选择“粘贴”命令，此时桌面上会出现一个名为“孟浩然诗”的文件。

④ 右击“孟浩然诗”文件，从弹出的快捷菜单中选择“重命名”命令，然后输入“poem1”，按 Enter 键即可。

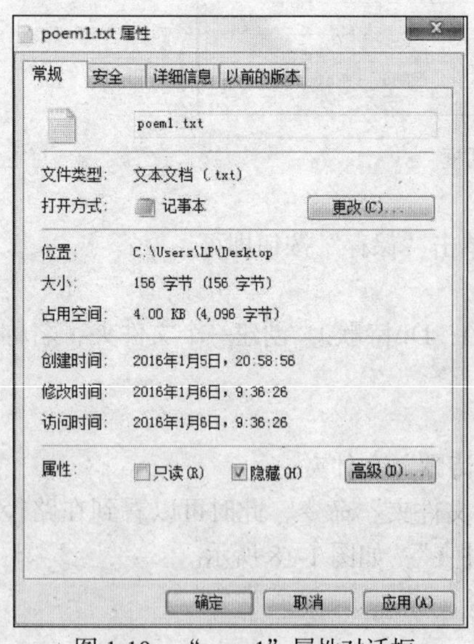

图 1-19　“poem1”属性对话框

4．修改文件属性

例如，将文件“poem1”的属性改为隐藏属性。

操作步骤如下。

① 右击“poem1”文件，从弹出的快捷菜单中选择“属性”命令，弹出属性对话框，如图 1-19 所示。

② 在 poem1.txt 属性对话框中，选中“隐藏”复选框，然后单击“确定”按钮。

隐藏的文件可能看不到，也可能是淡色图标，这取决于文件和文件夹的显示设置。若设置的是“不显示隐藏文件和文件夹”，将看不到文件“poem1”。

5．删除文件

例如，删除具有隐藏属性的文件“poem1”，文件“poem1”为不显示状态。

操作步骤如下。

① 双击“计算机”，选择“工具”菜单中的“文

件夹选项”命令。

② 在弹出的“文件夹选项”对话框中，选择“查看”选项卡，在“高级设置”列表框中选中“显示隐藏的文件、文件夹和驱动器”，如图 1-20 所示。

③ 右击显示的“poem1”文件，从弹出的快捷菜单中选择“删除”命令即可。

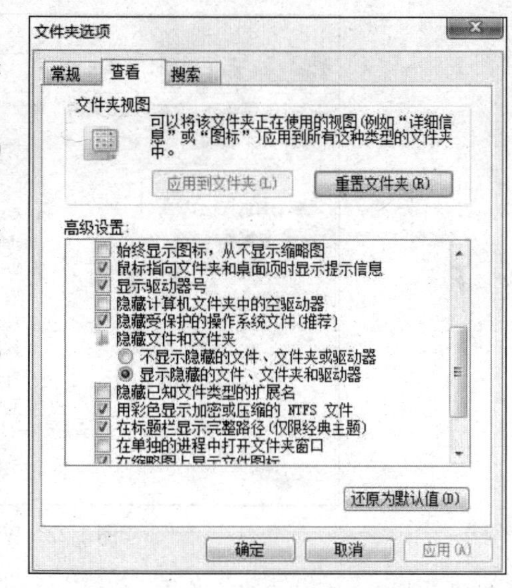

图 1-20 “文件夹选项”对话框

6．搜索文件及文件夹

例如，搜索扩展名为.docx 且修改时间为 2016 年 1 月的所有文件。

操作步骤如下。

① 双击“计算机”，在弹出的对话框的右侧可输入搜索内容。

② 在弹出的对话框中输入要搜索的内容，如图 1-21 所示。

③ 选择“修改日期”“大小”等命令后，搜索结果将显示在下面的窗口中。

注意通配符“*”和“?”的使用，“*”可以代替任意个字符，“?”只能代替一个字符。例如，要搜索名称只有两个字符且第一个字符是 d 的所有 bmp 文件，则搜索标准应设置为“d?.bmp”。

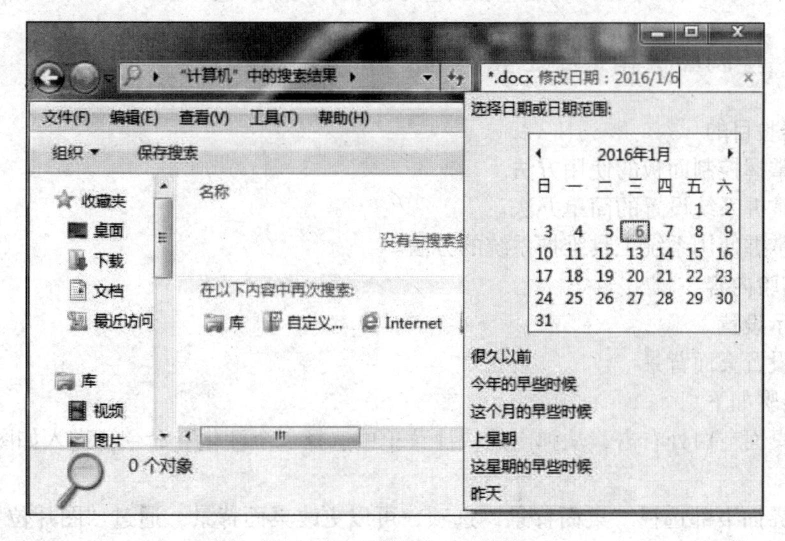

图 1-21 “搜索”对话框

7．资源管理器的使用

例如，利用资源管理器查看 C 盘中 Program Files 文件夹下的内容。

操作步骤如下。

① 选择“开始”→“所有程序”→“附件”→“Windows 资源管理器”。

② 单击左边目录结构窗口中的“系统（C:）”，在右边的内容窗口中显示的即是 C 盘下的内容，如图 1-22 所示。

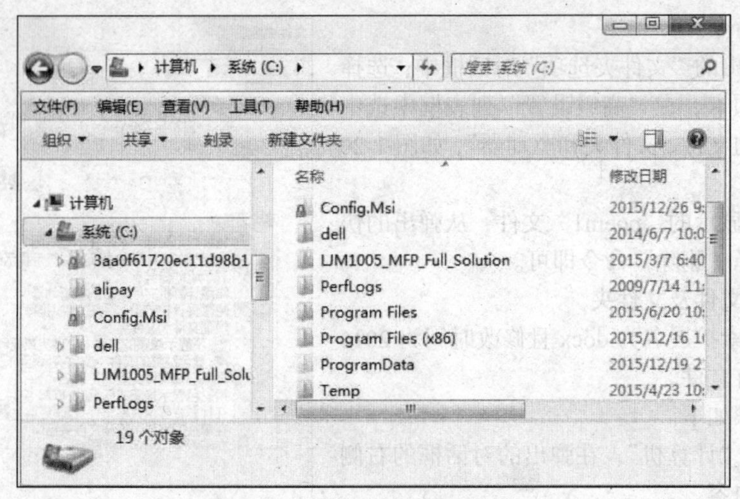

图 1-22 Windows 资源管理器

③ 在右边的内容窗口中，双击 Program Files 文件夹，内容窗口中将显示出此文件夹下所包含的内容。或者直接在结构窗口中找到 C 盘下的 Program Files 文件夹并单击，也可以显示所选文件夹的内容。

若目录结构窗口文件夹前面有空心三角形 ▷，说明有下属文件夹，并且处于折叠状态；文件夹前面有实心三角形 ◢，说明有下属文件夹，但处于展开状态。单击 ▷，则展开下属文件夹，同时 ▷ 变成 ◢；单击 ◢，则重新折叠下属文件夹，并使 ◢ 变成 ▷。

实验四 控制面板和系统工具

一、实验目的

（1）掌握控制面板的使用方法。

（2）掌握系统设置的简单办法。

（3）掌握使用系统工具维护系统的方法。

二、实验内容

1．显示设置

（1）设置桌面背景

操作步骤如下。

① 在桌面空白处右击，从弹出的快捷菜单中选择“个性化”命令，进入如图 1-23 所示的界面。

② 在界面下部选择“桌面背景”选项，可以更改桌面背景，通过“图片位置”下拉列表框可以设置背景的展开方式，单击“保存修改”按钮，即可实现桌面背景的改变。

此外，除了系统本身提供的背景之外，用户也可以通过单击“浏览”按钮，选中希望作为背景的图片文件。以.bmp、.gif、.jpg、.dib、.png 等为扩展名的文件均可用做背景文件。

③ 也可选择系统自带的“Aero 主题”和“基本和高对比度主题”。

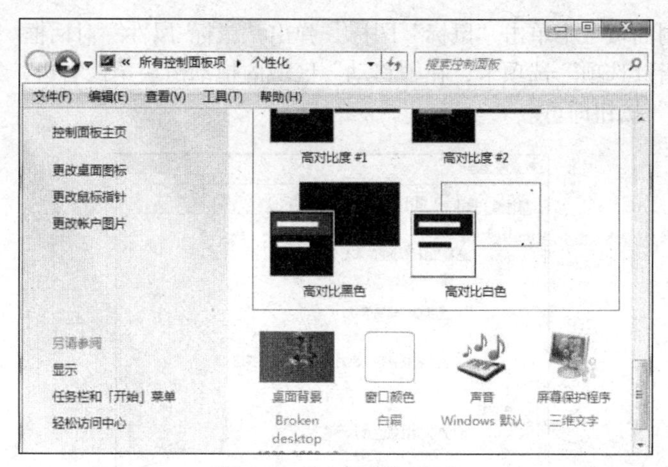

图 1-23 “个性化”界面

（2）屏幕保护设置

操作步骤如下。

① 在桌面空白处右击，从弹出的快捷菜单中选择“个性化”命令。

② 在界面下部选择“屏幕保护程序”选项，进入“屏幕保护程序设置”对话框，如图 1-24 所示。

③ 设置屏幕保护程序，如选择“彩带”，则窗口中将出现彩带图案。单击“预览”按钮可以进行预览，在“等待”框中可以设置等待时间。

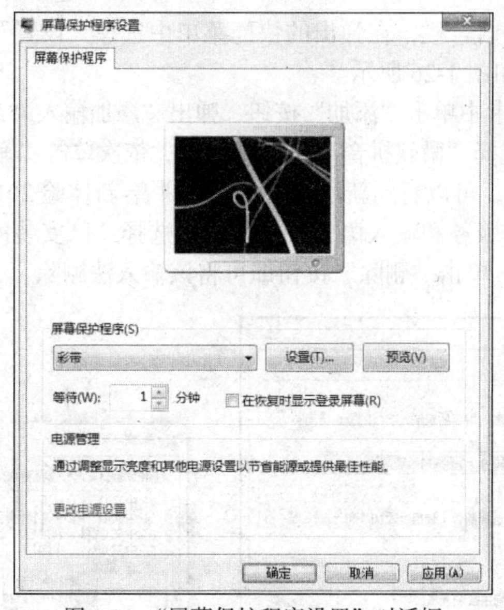

图 1-24 “屏幕保护程序设置”对话框

④ 单击“设置”按钮，可对选择的屏幕保护进行相关设置，最后单击“确定”按钮即可。

2．鼠标设置

例如，将鼠标指针的移动速度调至最快。

操作步骤如下。

① 单击“开始”按钮，选择“开始”菜单中的“控制面板”。

② 在“控制面板”中单击“鼠标”图标，弹出“鼠标 属性”对话框。

③ 选择“指针选项”选项卡，在“移动”区域内拖动滑块至最右边，如图 1-25 所示。最后单击“确定”按钮即可。

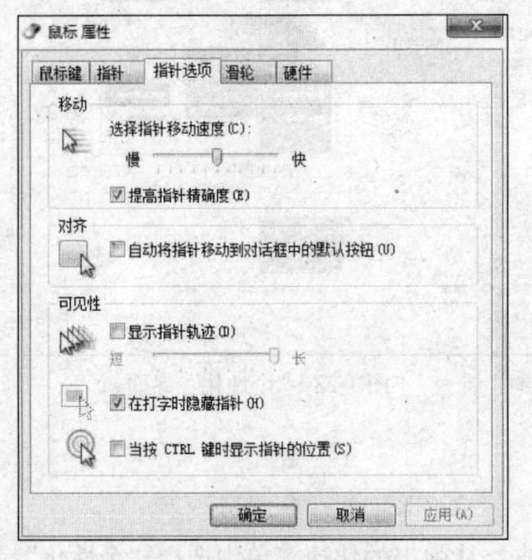

图 1-25 “鼠标 属性”对话框

3．添加和删除输入法

例如，为系统添加“微软拼音–新体验 2010”，并删除“中文（简体）–搜狗拼音输入法”。

操作步骤如下。

① 右击任务栏上的语言栏，在弹出的快捷菜单中选择“设置”命令，出现“文本服务和输入语言”对话框，如图 1-26 所示。

② 在“常规”选项卡中单击“添加”按钮，弹出“添加输入语言”对话框，如图 1-27 所示。在下面的复选框中选择“微软拼音–新体验 2010”，依次单击“确定”按钮关闭对话框。

③ 单击语言栏图标，可以看到新添加的“微软拼音-新体验 2010”。

④ 再次打开“文本服务和输入语言”对话框，选择“已安装的服务”中的“中文（简体）–搜狗拼音输入法”，单击“删除”按钮即可将该输入法删除。

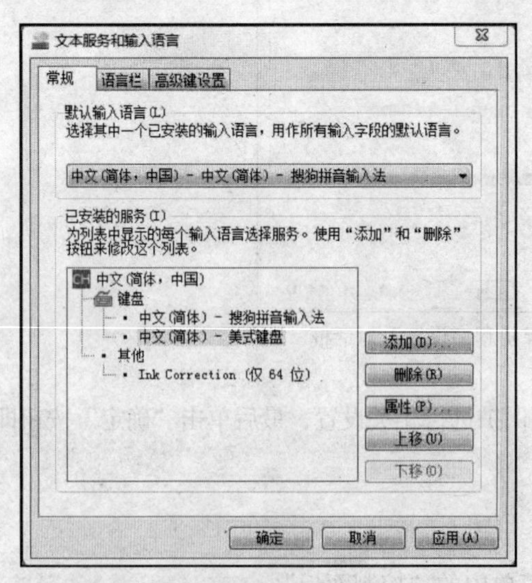

图 1-26 “文本服务和输入语言”对话框

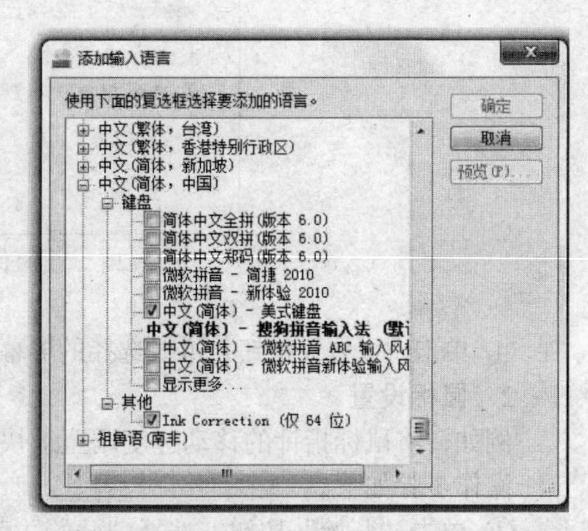

图 1-27 “添加输入语言”对话框

4. 更改或卸载程序

（1）卸载已安装的程序

操作步骤如下。

① 单击“控制面板”窗口的“程序和功能”图标，打开“程序和功能”窗口，如图 1-28 所示。

② 在“程序和功能”窗口下方的列表中选择要卸载的程序，然后右键单击，弹出“卸载”“更改”等命令菜单。

③ 单击“卸载”命令，弹出“程序和功能”信息提示框。单击“是”按钮，则计算机自动卸载该程序及相关的组件；若单击“否”按钮，则取消程序的卸载，这样可以避免使用者误操作。

（2）更改已安装的程序

例如，更改已安装的 Microsoft Office 2010，为其添加 Outlook 组件。

操作方法如下。

① 双击“控制面板”窗口中的“程序和功能”图标，打开“程序和功能”窗口。

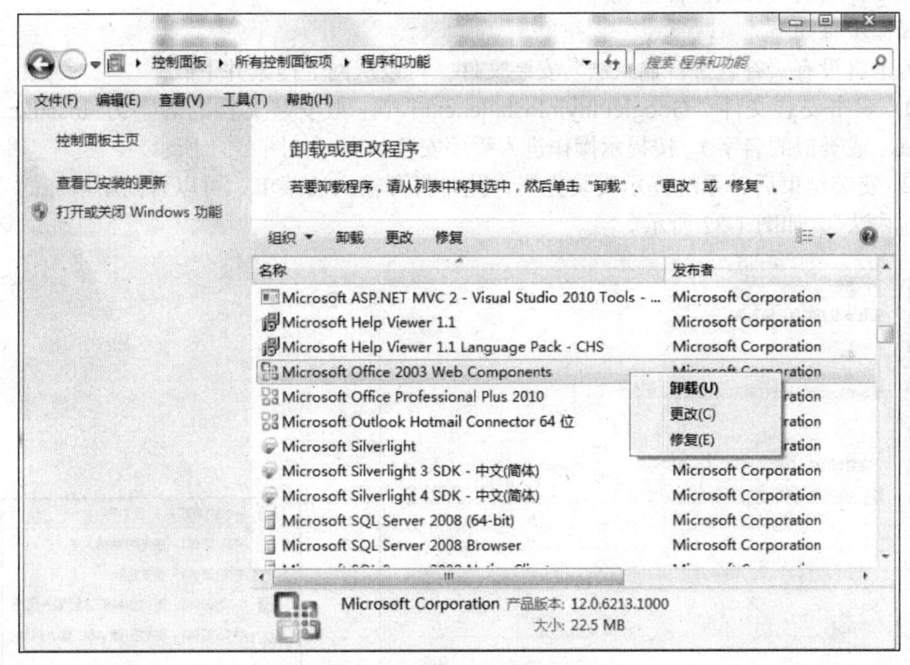

图 1-28 “程序和功能”窗口

② 在“程序和功能”窗口下方的列表中选择程序“Microsoft Office Professional Plus 2010”，然后右键单击，弹出“更改”命令菜单，单击“更改”命令后，弹出如图 1-29 所示的更改安装窗口。

③ 单击“继续”按钮，在打开的窗口中选择要安装的功能——“Microsoft Outlook”选项，单击其左侧的按钮，弹出相应的菜单项，如图 1-30 所示。选择“从本机运行全部程序”命令，单击“继续”按钮，按提示即可完成新组件或新功能的添加。

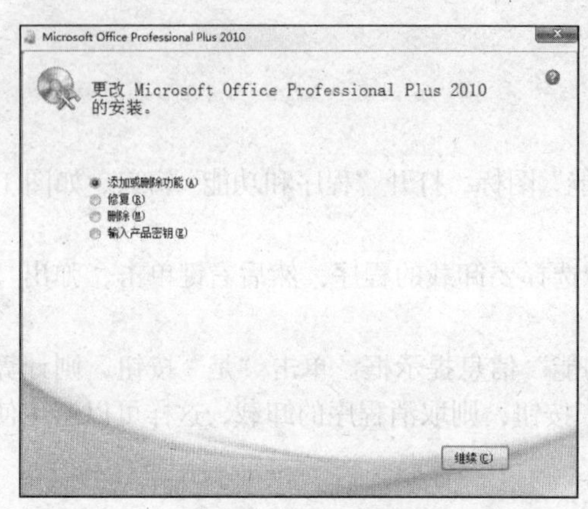

图 1-29　更改安装

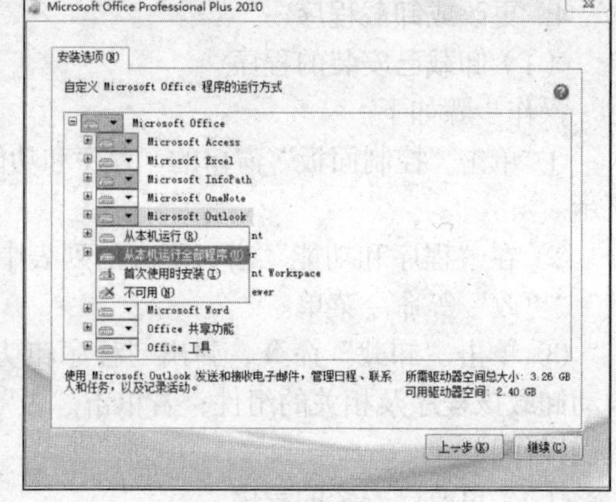

图 1-30　安装选项

5．应用程序的安装

例如，安装“谷歌拼音输入法”。

操作步骤如下。

若本机没有“谷歌拼音输入法”安装文件，可以从网上搜索并下载。

① 双击安装文件“GooglePinyinInstaller.exe”（一般安装文件的名字为 Installer.exe、setup.exe 或类似的名字），按提示操作进入程序安装状态，如图 1-31 所示。

② 安装结束后，系统提示安装完毕，此时打开输入法菜单，可以看到新增加的“谷歌拼音输入法”，如图 1-32 所示。

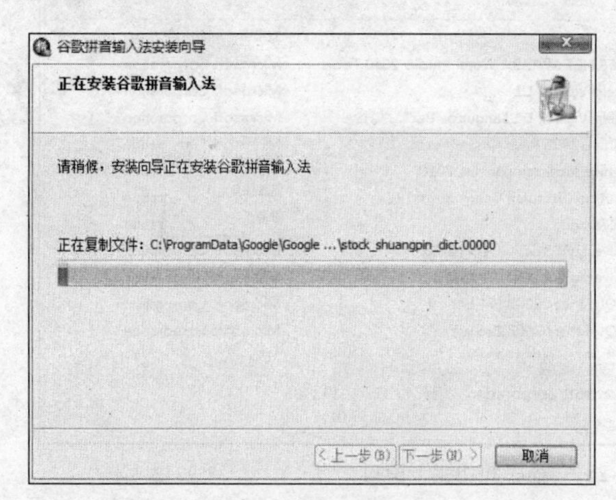

图 1-31　程序安装

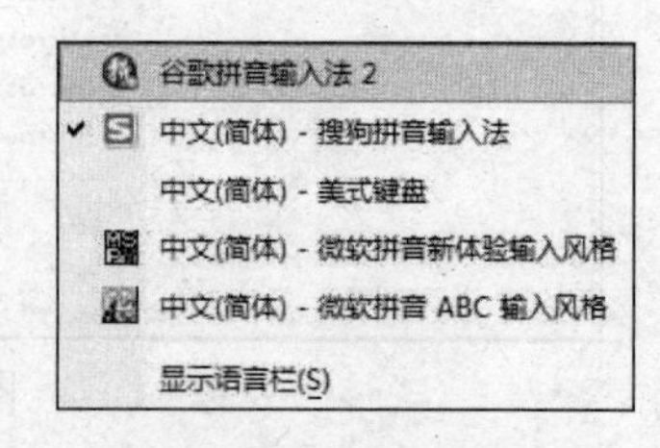

图 1-32　输入法菜单

6．查看系统有关信息

例如，查看或更改计算机名及所属工作组。

操作步骤如下。

① 单击“控制面板”窗口中的“系统”图标，在“计算机名称、域和工作组设置”中单击“更改设置”按钮，打开“系统属性”对话框。

② 在对话框中选择“计算机名”选项卡，可对计算机进行描述，并查看计算机全名及所属工作组，如图 1-33 所示。

③ 单击“更改”按钮，即可在弹出的“计算机名/域更改”对话框中对计算机名、域及所属工作组进行修改，如图 1-34 所示。要使所做设置生效，需要重新启动计算机。

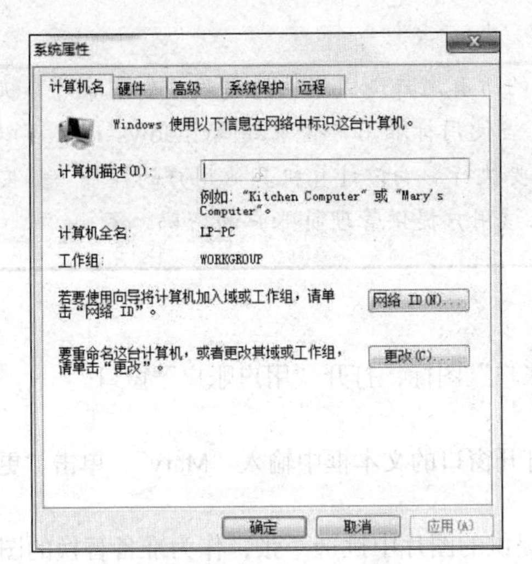

图 1-33 “系统属性”对话框——“计算机名”选项卡

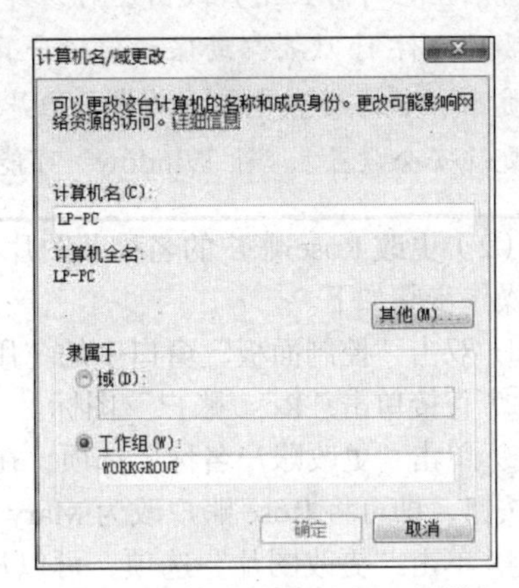

1-34 “计算机名/域更改”对话框

7. **用户账户的操作**

（1）创建账户 Rose

创建一个名字为 Rose 的新账户，并选择账户类型。

操作步骤如下。

① 单击“控制面板”窗口中的“用户账户”图标，打开“用户账户”窗口，如图 1-35 所示。

② 单击“管理其他账户”，选择“创建一个新账户”，在弹出的对话框中输入新账户名称“Rose”，如图 1-36 所示，单击“标准用户”或“管理员”单选按钮，可选择用户的账户类型。

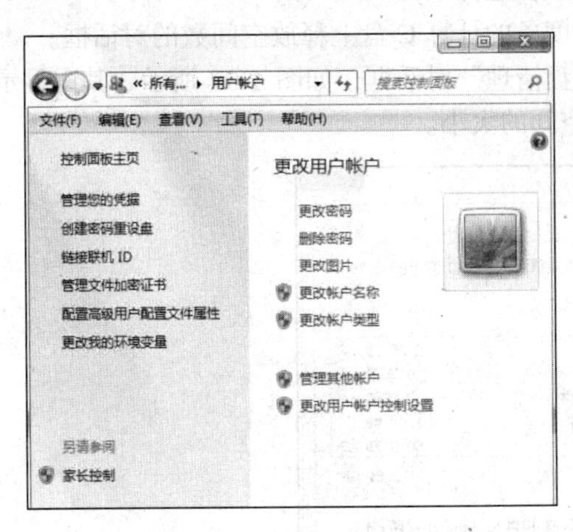

图 1-35 “用户账户”窗口

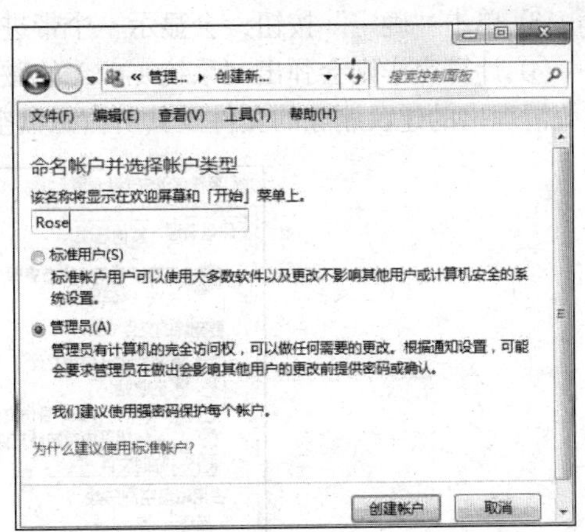

图 1-36 创建新账户

③ 单击“创建账户”按钮，即可完成新账户 Rose 的创建。

选择 Rose 账户，可对其名称、图片、账户类型、密码等进行修改。选择“创建密码”选项，则可以按照提示更换新的密码。有了账户密码后，再以此账户登录时，必须输入密码才能进入。

注意

标准用户可防止用户做出会对该计算机的所有用户造成影响的更改（如删除计算机工作所需要的文件），从而帮助保护您的计算机。当使用标准用户登录到 Windows 时，可以执行管理员账户下的几乎所有的操作，但是如果要执行影响该计算机其他用户的操作（如安装软件或更改安全设置），则 Windows 可能要求该用户提供管理员账户的密码。

（2）更改 Rose 账户的名称及图片

操作步骤如下。

① 双击“控制面板”窗口中的“用户账户”图标，打开“用户账户”窗口。

② 直接单击“Rose 账户”图标。

③ 单击“更改账户名称”选项，在新打开窗口的文本框中输入“Mary”，单击“更改名称”按钮，即可将 Rose 账户改为 Mary 账户。

④ 单击“更改图片”选项，可以从所提供的图片中挑选一张，作为准备替换的图片。也可以单击“浏览更多图片”按钮，从“图片库”文件夹或其他文件夹中挑选一张图片。最后单击“更改图片”按钮即可。

8．使用系统工具维护系统

由于在计算机的日常使用中，逐渐会在磁盘上产生文件碎片和临时文件，致使运行程序、打开文件变慢，因此最好定期使用“磁盘清理”删除临时文件，释放硬盘空间；使用“磁盘碎片整理程序”整理文件存储位置，合并可用空间，提高系统性能。

（1）磁盘清理

操作步骤如下。

① 单击“开始”按钮，选择“所有程序”→“附件”→“系统工具”→“磁盘清理”，打开“驱动器选择”对话框。

② 选择要进行清理的驱动器，在此使用默认选择“C:”。

③ 单击“确定”按钮，会显示一个带进度条的计算 C 盘上释放空间数的对话框。

④ 计算完毕则会弹出“系统（C:）的磁盘清理”对话框，如图 1-37 所示，其中显示了系统清理出的建议删除的文件及其所占磁盘空间的大小。

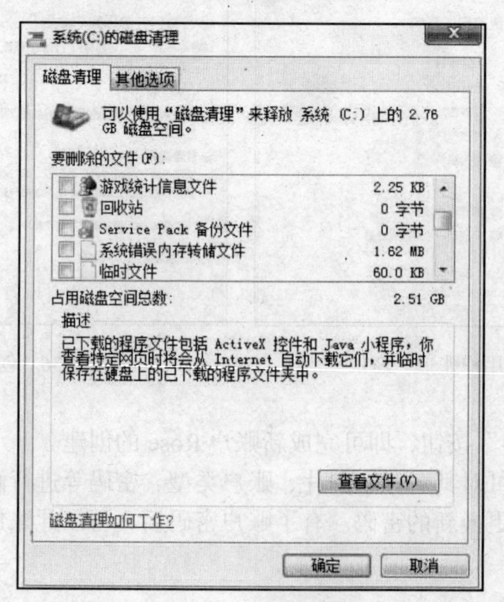

图 1-37 “系统（C:）的磁盘清理”对话框

⑤ 在“要删除的文件”列表框中选中要删除的文件，单击“确定”按钮，在之后弹出的“磁盘清理”确认删除对话框中单击“删除文件”按钮，弹出“磁盘清理”对话框。清理完毕，该对话框自动消失。

依次对C、D、E各磁盘进行清理，注意观察并记录清理磁盘时获得的空间总数。

（2）磁盘碎片整理

进行磁盘碎片整理之前，应先把所有打开的应用程序关闭，因为一些程序在运行的过程中可能要反复读取磁盘数据，会影响磁盘整理程序的正常工作。

操作步骤如下。

① 单击“开始”按钮，选择“所有程序”→“附件”→“系统工具”→“磁盘碎片整理程序”，打开“磁盘碎片整理程序”窗口，如图1-38所示。

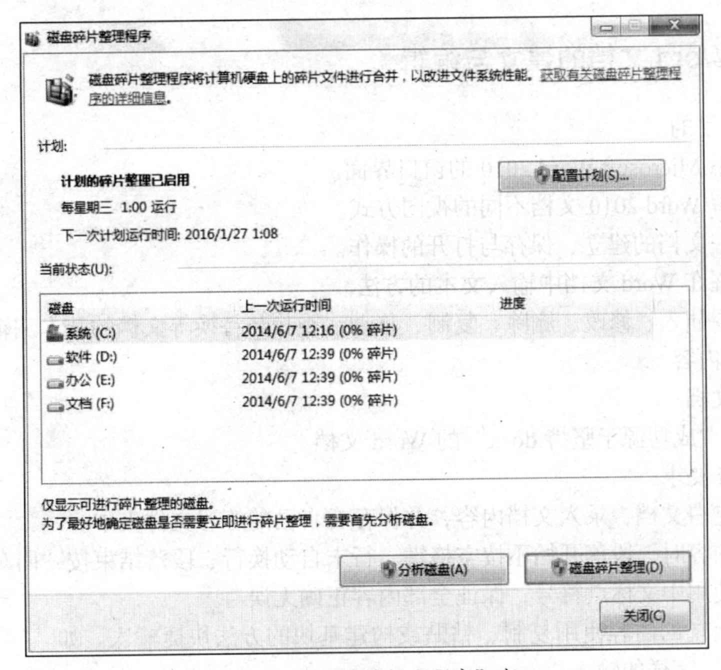

图1-38 “磁盘碎片整理程序”窗口

② 选择要整理的磁盘，单击“分析磁盘”按钮，开始对磁盘的碎片情况进行分析。

③ 分析结束后，如果系统建议整理磁盘，单击“磁盘碎片整理”按钮开始碎片的整理。

第 2 章

文字处理

实验一　Word 文档的建立与编辑

一、实验目的

（1）熟悉 Microsoft Word 2010 的窗口界面。

（2）了解 Word 2010 文档不同的视图方式。

（3）掌握文档的建立、保存与打开的操作。

（4）掌握在 Word 文档中输入文本的方法。

（5）掌握插入、修改、删除、复制、移动、查找与替换等文档的基本编辑操作。

二、实验内容

1．新建文档

新建名为“成功源于坚持.docx”的 Word 文档。

（1）操作要求

① 新建空白文档，录入文档内容，并保存在自己的练习文件夹中。

② 输入内容时，段落开始不按空格键、行末自动换行、段落结束按“回车”键。

③ 文中使用中文标点符号，保证全部内容正确无误。

④ 反复出现的内容使用复制、粘贴或构建基块的方法快捷输入。如“《哈利 · 波特》”“J · K · 罗琳”字样的输入。

⑤ 在文章最后插入能自动更新的系统日期。

⑥ 文档保存为“成功源于坚持.docx”备用，并退出 Word。

（2）文档内容

成功源于坚持。

儿童魔幻故事《哈利 · 波特》所产生的巨大影响堪称世界传奇，不过《哈利 · 波特》的作者——英国女作家 J · K · 罗琳本人的经历，其实比小说更神奇，更让人津津乐道。

10 多年前，当从未写作过、每周靠 70 英镑救济金维持生计的单身母亲 J · K · 罗琳萌生了创作的欲望，当她流连在爱丁堡咖啡馆，利用小纸片书写“哈利 · 波特”的故事时，她不仅要面对自身写作经验的不足，还要面对实际的家庭困境，以及如何让图书正式出版等一系列难题。但是，这个倔强得可爱，满脑子充满了幻想和乐观的女人，还是认真地写作了。

经过整整 5 年的辛苦写作，J · K · 罗琳完成了第一部作品，为了实现出版的心愿，她开始投稿给各大出版社。然而，一年过去了，除了连续收到 12 家出版社的拒绝外，她几乎得不到任何肯定。

就在 J ·K ·罗琳濒临绝望和痛苦的时候，英国布鲁斯伯瑞出版社给出的首印 500 本、3000

英镑稿酬的条件让她看到了一丝希望，她几乎是毫不迟疑地在出版合约上签字盖章。接着，她急切又沉稳地等待着命运的考验。

谁也没有料到，这样一个看起来并不乐观的开始，竟然缔造出了当地文坛最大的神话和致富传奇。《哈利·波特》一经出版，便立即受到了世界瞩目，好评如潮水般涌来，很快就让J·K·罗琳获得了英国国家图书奖、儿童小说奖、斯马蒂图书金奖等重要奖项，将她推上了最显赫的位置，让童话变成了现实。

（3）操作步骤

① 单击“开始”→“程序”→“Microsoft Word 2010”，启动Word，新建一个空白文档。

② 切换至自己常用的中文输入法，且保证处于中文标点符号录入方式，在编辑区中录入文章内容。

③ 第一个“《哈利·波特》”字样输入后，将其选定，然后“复制”到剪贴板中待用。再碰到相同字样，用“粘贴”操作输入。

④ 第一个“J·K·罗琳”字样输入后，将其选定，然后单击“插入”→“文档部件”→“将所选内容保存到文档部件库”，打开“新建构建基块”对话框，在“名称”框中输入“琳”，“保存位置”选Normal，然后“确定”。再碰到相同字样，单击“插入”→“文档部件”，双击“琳”来输入。

⑤ 在文章最后，单击“插入”→“文本”→“日期和时间”，打开“日期和时间”对话框，选择可用格式，勾选“自动更新”复选框，则插入系统日期。

⑥ 保存文件。内容输入结束，单击“快速访问工具栏”上的“保存”按钮，打开“另存为”对话框，在“文件名”框中输入“成功源于坚持”，选择保存位置，然后单击“保存”按钮。

⑦ 单击标题栏右侧的“关闭”按钮，退出Word 2010。

2．查看文档

以不同的视图方式及显示比例查看“成功源于坚持.docx”文档内容。操作步骤如下。

① 启动Word 2010，单击“文件”→“打开”，选择文件保存到的位置，单击“成功源于坚持.docx”，再单击“打开”按钮。或打开“我的电脑”，找到文件“成功源于坚持.docx”，双击文件名，打开该文件。

② 切换单击“视图”选项卡“文档视图”组中的各视图按钮，或状态栏右侧的“视图”按钮，查看不同视图方式下文档的显示方式。

③ 单击“视图”选项卡“显示比例”组中的“显示比例”按钮，或通过调整状态栏右侧显示比例滑块的位置改变显示比例，观察变化情况。

3．制作副本

为文件“成功源于坚持.docx”制作副本文件“成功源于坚持1.docx”。操作步骤如下。

① 打开文件“成功源于坚持.docx”。

② 单击“文件”→“另存为”，打开“另存为”对话框，在“文件名”框中输入“成功源于坚持1”，选择保存位置，然后单击“保存”按钮。

4．编辑操作练习

针对“成功源于坚持1.docx”完成如下操作

（1）操作要求

① 将“成功源于坚持1.docx”全文复制一份放置在第2页中，两页内容以分页符分隔。

② 将文章的倒数第2段删除，并恢复。

③ 将文章的最后两段合为一个段落。

④ 重新为③中合成的段落分段，将“接着，她急切……”开始分到下一段落中。

⑤ 用鼠标指针拖动的方法完成复制与移动操作：将第 2 段移到全文最后，并复制该段，然后将复制后的内容移回去，仍作为第 2 段。

⑥ 将插入点定位于第 3 段“为了实现”字样后，向前、向后删除该句话。

⑦ 将第 2 段最后一句话“还是认真地写作了。”修改为“顽强地踏上了创作之路!”。

⑧ 将第 2 页文档中全部“儿童”字样替换为“少儿”。

⑨ 将文档中所有“罗琳”字样的颜色替换为红色。

（2）操作步骤

① 打开文件“成功源于坚持 1.docx”；按 Ctrl+A 组合键，或在选定区三击，选定全文；在选定区域中右击，选择“复制”；将光标置于文档最后，单击“插入”→“页”中“分页”按钮，插入分页符；按 Ctrl+V 组合键粘贴全文。

② 在第 2 页倒数第 2 段的选定区双击，选定该段落，按 Delete 键或选“剪切”命令，删除该段落；按快速访问工具栏上的“撤销”按钮，恢复删除。

③ 将光标置于倒数第2段末尾，按Delete键，或将光标置于倒数第1段行首，按Backspace键，则最后两段合为一个段落。

④ 将光标移到“接着，她急切……”前，按 Enter 键，则光标后内容分到下一段。

⑤ 在第 2 段的选定区双击，选定该段；将鼠标指针置于选定区域中，拖动鼠标指针至全文最后，当鼠标指针处的虚线指示在希望移到的位置时，松开鼠标，完成移动；按住 Ctrl 键，拖动选定区域至全文最后，完成复制；将复制后的内容移回第 2 段处。

⑥ 将插入点定位于第 3 段“为了实现”字样后，按 Backspace 键向前逐一删除字符，按 Delete 键向后删除字符。也可以选定该句话后，按 Delete 键删除所有选定字符。

⑦ 选定第 2 段最后一句话，直接输入“顽强地踏上了创作之路!”，完成替换修改。

⑧ 将插入点置于第 2 页文档最前面；选定文中“儿童”字样；单击“开始”→“替换”，打开“查找和替换”对话框，此时，“查找”框中已填入“儿童”，在“替换为”框中输入“少儿”，单击“全部替换”按钮，则插入点后全部“儿童”字样被替换为“少儿”。

⑨ 选定文中“罗琳”字样；单击“开始”→“替换”，打开“查找和替换”对话框，单击“更多”按钮，展开对话框；单击“搜索选项”中的“搜索”下拉按钮，选择搜索范围为“全部”；在“替换为”框中单击，放置插入点；单击“格式”→“字体”，设置“字体颜色”为红色，单击“确定”按钮，则“替换为”框下方显示已设置的格式“字体颜色：红色”；单击“全部替换”按钮，则文档中全部“罗琳”字样被替换为红颜色；关闭“查找和替换”对话框。

5．输入数学公式

（1）操作要求

① 输入一元二次方程求根公式。

$$x = \frac{-b \pm \sqrt{b^2 - 4ac}}{2a}$$

② 录入伽马函数。

$$\Gamma(z) = \int_0^\infty t^{z-1}\mathrm{e}^{-t}\mathrm{d}t = \frac{\mathrm{e}^{-\gamma z}}{z}\prod_{k=1}^{\infty}(1+\frac{z}{k})^{-1}\mathrm{e}^{z/k},\ \gamma \approx 0.577216$$

（2）操作步骤

① 一元二次方程根公式的录入，可以单击“插入”→“符号”组中的“公式”，从内置公式中选择直接录入。

② 利用“公式编辑器”输入伽玛函数。

方法 1：单击“插入”→“文本”组中的“对象”，在“对象类型”列表中选择“Microsoft 公式 3.0”，打开公式编辑器，开始录入。

方法 2：单击“插入”→“符号”组中的“公式”的下拉按钮，选择下方的“插入新公式”，利用弹出的“公式工具”编辑公式。如图 2-1 所示。

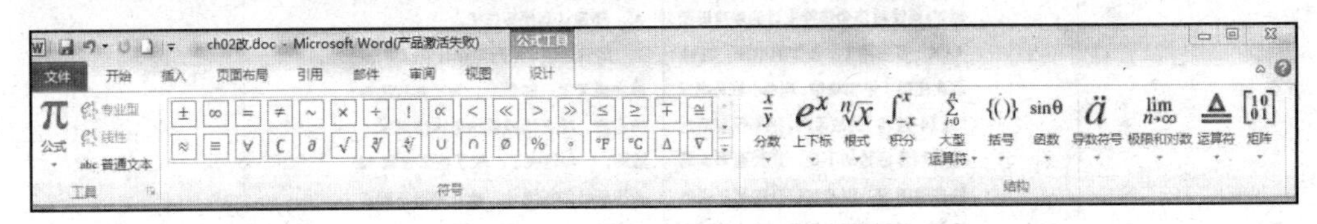

图 2-1 公式工具

6．设置密码

为“成功源于坚持 1.docx”设置打开密码

（1）操作要求

密码设置完成后，关闭该文档，然后重新打开，观察输入密码正确与错误时的不同现象。

（2）操作步骤

① 打开文件“成功源于坚持 1.docx”；单击“文件”→“信息”→“保护文档”→“用密码进行加密”，输入密码，并牢记。

② 关闭“成功源于坚持 1.docx”文档。

③ 打开“成功源于坚持 1.docx”，在密码框中输入正确密码，则顺利打开该文档。

④ 再关闭“成功源于坚持 1.docx”文档。

⑤ 打开“成功源于坚持 1.docx”，在密码框中输入错误密码，则该文档无法打开。

三、分析总结

（1）选定操作是编辑与排版的基础，利用文本选定区完成选定操作，简单又快捷。

（2）Word 是目前主流的文字处理软件，因此掌握其常用的编辑键与编辑方法很重要。在操作过程中，使用快捷键能够迅速地完成编辑操作。

（3）常用组合键：新建文档 Ctrl+N 键，保存文档 Ctrl+S 键，关闭窗口 Alt+F4 键，全选 Ctrl+A 键，复制 Ctrl+C 键，剪切 Ctrl+X 键，粘贴 Ctrl+V 键，撤销 Ctrl+Z 键。

实验二 文档的排版与打印

一、实验目的

（1）掌握字符的格式化方法。

（2）掌握段落的格式化方法。

（3）掌握项目符号的设置方法。

（4）掌握文章分栏排版的方法。

（5）掌握页眉、页脚、页码的设置方法。

二、实验内容

1．文档排版

按要求为“成功源于坚持.docx”Word 文档进行排版。排版效果如图 2-2 所示。

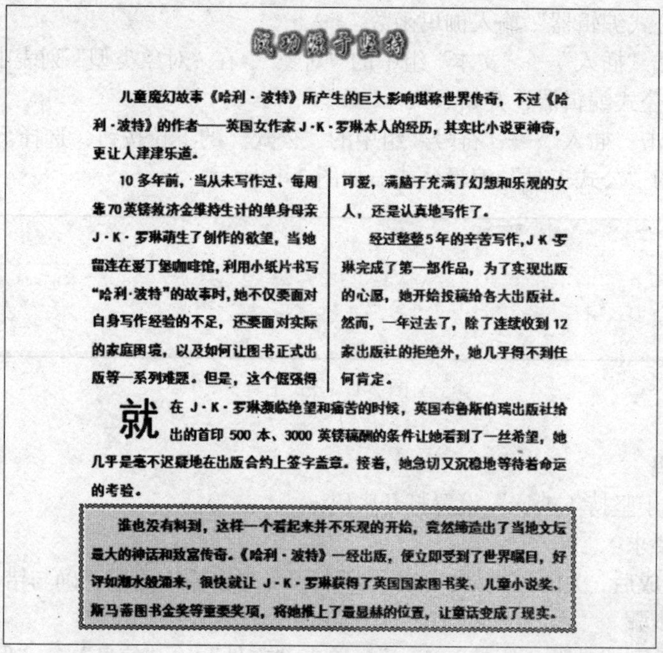

成功源于坚持

儿童魔幻故事《哈利 · 波特》所产生的巨大影响堪称世界传奇，不过《哈利 · 波特》的作者——英国女作家 J · K · 罗琳本人的经历，其实比小说更神奇，更让人津津乐道。

10 多年前，当从未写作过、每周靠 70 英镑救济金维持生计的单身母亲 J · K · 罗琳萌生了创作的欲望，当她留连在爱丁堡咖啡馆，利用小纸片书写“哈利·波特”的故事时，她不仅要面对自身写作经验的不足，还要面对实际的家庭困境，以及如何让图书正式出版等一系列难题。但是，这个倔强得可爱，满脑子充满了幻想和乐观的女人，还是认真地写作了。

经过整整 5 年的辛苦写作，J K 罗琳完成了第一部作品，为了实现出版的心愿，她开始投稿给各大出版社。然而，一年过去了，除了连续收到 12 家出版社的拒绝外，她几乎得不到任何肯定。

就在 J · K · 罗琳濒临绝望和痛苦的时候，英国布鲁斯伯瑞出版社给出的首印 500 本、3000 英镑稿酬的条件让她看到了一丝希望，她几乎是毫不迟疑地在出版合约上签字盖章。接着，她急切又沉稳地等待着命运的考验。

谁也没有料到，这样一个看起来并不乐观的开始，竟然缔造出了当地文坛最大的神话和致富传奇。《哈利 · 波特》一经出版，便立即受到了世界瞩目，好评如潮水般涌来，很快就让 J · K · 罗琳获得了英国国家图书奖、儿童小说奖、斯马蒂图书金奖等重要奖项，将她推上了最显赫的位置，让童话变成了现实。

图 2-2　排版效果

（1）操作要求

① 设置标题格式。居中对齐，字体为华文行楷，字号为二号；文本效果：渐变填充-蓝色，强调文字颜色 1，轮廓-白色；阴影：向右偏移；发光：蓝色、11pt 发光，强调文字颜色 1；段后间距为 10 磅。

② 设置正文格式。字体为黑体，字号为小四号，文字颜色为蓝色、加粗。

③ 设置全文各段落首行缩进 2 个字符，行间距 1.5 倍行距。

④ 设置文档的第 2、3 段分两栏，加分隔线。

⑤ 为最后一段加红色双波浪线边框线、底纹为蓝色，强调文字颜色 1，淡色 80%。

⑥ 倒数第 2 段，首字下沉 2 行，距正文 0.3 厘米。

（2）操作步骤

打开文件“成功源于坚持.docx”。

① 选定标题，单击“开始”选项卡中“字体”与“段落”组中的相关按钮，设置标题格式。

② 选定正文，单击“开始”选项卡中“字体”与“段落”组中的相关按钮，设置正文格式。

③ 单击“开始”选项卡中“段落”组右下角的“对话框启动器”按钮，打开“段落”对话框；设置“特殊格式”下“首行缩进”为 2 字符，“行距”选 1.5 倍行距。

④ 选定第 2、3 段，单击“页面布局”→“页面设置”→“分栏”下拉列表中的“更多分栏”选项，打开“分栏”对话框，选择“两栏”，并勾选“分隔线”复选框。

⑤ 将插入点置于最后一段中，或选定该段，单击“开始”→“段落”→“下框线”下拉列表中的“边框和底纹”选项，打开“边框和底纹”对话框，按要求设置。

⑥ 将插入点置于倒数第 2 段中，单击“插入”→“文本”→“首字下沉”下拉列表中的“首字下沉”选项，打开“首字下沉”对话框，选择“下沉”，设置“下沉行数”为 2，“距正文”为 0.3 厘米。

2．试题排版

（1）操作要求

在“成功源于坚持.docx”Word 文档原内容的下一页，利用项目符号与编号技术，完成如图 2-3 所示的试题编号排版。项目符号为红色手状符号。

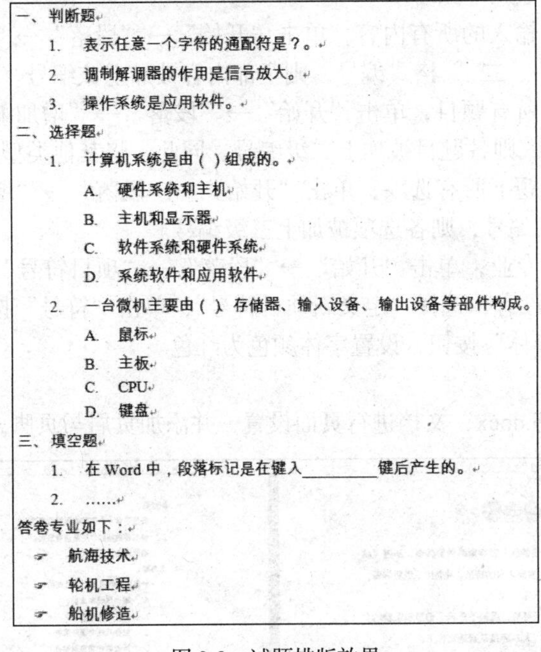
一、判断题

1. 表示任意一个字符的通配符是？。
2. 调制解调器的作用是信号放大。
3. 操作系统是应用软件。

二、选择题

1. 计算机系统是由（ ）组成的。
   A. 硬件系统和主机
   B. 主机和显示器
   C. 软件系统和硬件系统
   D. 系统软件和应用软件
2. 一台微机主要由（ ）、存储器、输入设备、输出设备等部件构成。
   A. 鼠标
   B. 主板
   C. CPU
   D. 键盘

三、填空题

1. 在 Word 中，段落标记是在键入________键后产生的。
2. ……

答卷专业如下：

☞ 航海技术
☞ 轮机工程
☞ 船机修造

图 2-3　试题排版效果

（2）操作步骤

① 将插入点置于“成功源于坚持.docx”文档内容最后。

② 插入分页符，不加编号与格式，输入下列内容。

判断题

表示任意一个字符的通配符是？。

调制解调器的作用是信号放大。

操作系统是应用软件。

选择题

计算机系统是由（ ）组成的。

硬件系统和主机

主机和显示器

软件系统和硬件系统

系统软件和应用软件

一台微机主要由（ ）、存储器、输入设备、输出设备等部件构成。

鼠标

主板

CPU

键盘

填空题

在 Word 中，段落标记是在键入________键后产生的。

……

答卷专业如下：

航海技术

轮机工程

船机修造

③ 选定上面②中输入的所有内容，单击“开始”→“段落”→“编号”下拉选项，选择“编号库”中的“一、二、”格式编号，则全部内容被加上该编号。

④ 选定判断题下所有题目，单击“开始”→“段落”→“增加缩进量”选项，再为其设置“1.2.”格式编号，则各题目被加上二级编号。同此，将其他类型题也加上二级编号。

⑤ 选定某一选择题下所有选项，单击“开始”→“段落”→“增加缩进量”选项，再为其设置“A.B.”格式编号，则各选项被加上三级编号。

⑥ 选定所有答卷专业，单击“开始”→“段落”→“项目符号”下拉选项，选择红色项目符号“☞”。如果没有，选择“定义新项目符号”，单击“符号”按钮，从符号列表中选择该符号，并单击“字体”按钮，设置字体颜色为红色。

3．页面设置

对“成功源于坚持.docx”文档进行页面设置，并添加页眉与页脚，如图 2- 4 所示。

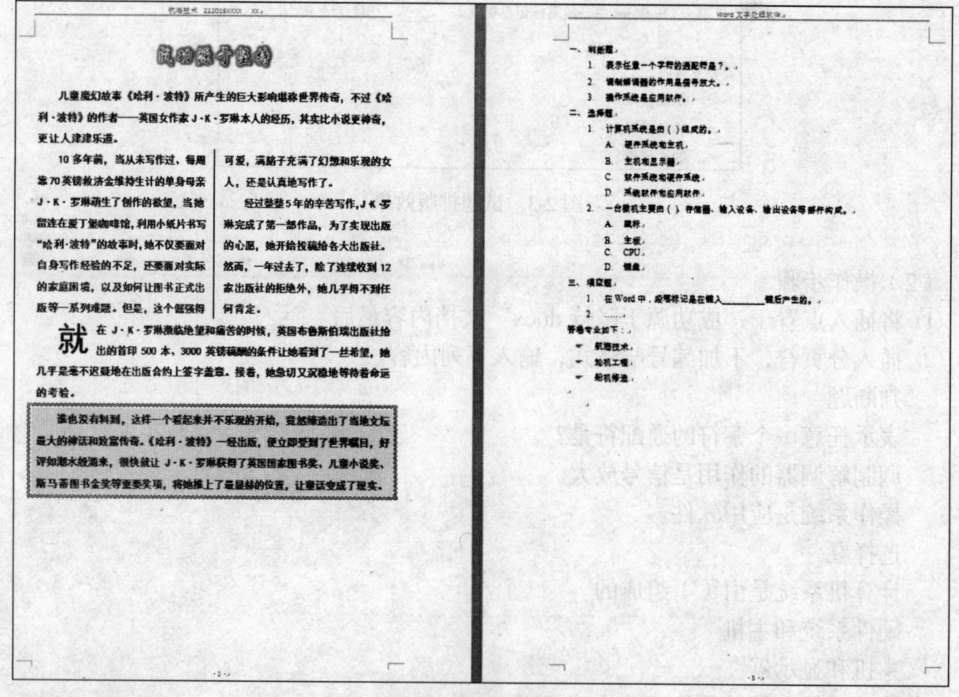

成功源于坚持

儿童魔幻故事《哈利·波特》所产生的巨大影响堪称世界传奇，不过《哈利·波特》的作者——英国女作家 J·K·罗琳本人的经历，其实比小说更神奇，更让人津津乐道。

10 多年前，当从未写作过、每周靠 70 英镑救济金维持生计的单身母亲 J·K·罗琳萌生了创作的欲望，当她留连在爱丁堡咖啡馆，利用小纸片书写“哈利·波特”的故事时，她不仅要面对自身写作经验的不足，还要面对实际的家庭困境，以及如何让图书正式出版等一系列难题。但是，这个倔强得可爱，满脑子充满了幻想和乐观的女人，还是认真地写作了。

经过整整 5 年的辛苦写作，J·K·罗琳完成了第一部作品，为了实现出版的心愿，她开始投稿给各大出版社。然而，一年过去了，除了连续收到 12 家出版社的拒绝外，她几乎得不到任何肯定。

就在 J·K·罗琳濒临绝望和痛苦的时候，英国布鲁斯伯瑞出版社给出的首印 500 本、3000 英镑稿酬的条件让她看到了一丝希望，她几乎是毫不迟疑地在出版合约上签字盖章。接着，她急切又沉稳地等待着命运的考验。

谁也没有料到，这样一个看起来并不乐观的开始，竟然缔造出了当地文坛最大的神话和致富传奇。《哈利·波特》一经出版，便立即受到了世界瞩目，好评如潮水般涌来，很快就让 J·K·罗琳获得了英国国家图书奖、儿童小说奖、斯马蒂图书金奖等重要奖项，将她推上了最显赫的位置，让童话变成了现实。

-2-

Word 文字处理软件

一、判断题

1. 表示任意一个字符的通配符是？。
2. 调制解调器的作用是信号放大。
3. 操作系统是应用软件。

二、选择题

1. 计算机系统是由（ ）组成的。
   A. 硬件系统和主机
   B. 主机和显示器
   C. 软件系统和硬件系统
   D. 系统软件和应用软件
2. 一台微机主要由（ ）、存储器、输入设备、输出设备等部件构成。
   A. 鼠标
   B. 主板
   C. CPU
   D. 键盘

三、填空题

1. 在 Word 中，段落标记是在键入________键后产生的。
2. ……

答卷专业如下：

☞ 航海技术

☞ 轮机工程

☞ 船机修造

-3-

图 2-4 页面设置效果

（1）操作要求

① 对整个文档进行页面设置。上、下页边距为 2.8 厘米，左、右边距为 3.3 厘米。页眉、页脚高度各 1 厘米。

② 设置奇偶不同页眉页脚。奇数页页眉为“Word 文字处理软件”，偶数页页眉为你的专业、学号、姓名，页脚插入页码，格式为“-1-,-2-,-3-,…”。

③ 在偶数页加上“严禁复制”水印。

④ 通过打印预览，观察页面设置效果。

（2）操作步骤

① 单击“页面布局”→“页面设置”→“页边距”下拉选项，选择“自定义边距”，打开“页面设置”对话框。

② 在“页边距”选项卡中，设置页边距；在“版式”选项卡中勾选“奇偶页不同”复选框，设置“距边界”值为1.8厘米。单击“确定”按钮。

③ 单击“插入”→“页眉和页脚”→“页眉”→“空白”选项，会弹出页眉和页脚工具。

④ 单击页眉和页脚工具的“设计”→“导航”组中的“上一节”或“下一节”选项，切换至奇数页或偶数页页眉，输入页眉具体内容。

⑤ 单击页眉和页脚工具的“设计”选项卡中的“转至页脚”→“页眉和页脚”→“页码”→“页面底端”→“普通数字2”选项，在页面底端居中插入页码。

⑥ 单击“页码”→“设置页码格式”，选择编号格式为“-1-”选项。同理，利用“导航”组中的按钮切换，设置好奇数页或偶数页页码。

⑦ 单击“关闭页眉和页脚”按钮。

⑧ 将插入点置于偶数页，单击“页面布局”→“页面背景”→“水印”选项，选择设置水印。

⑨ 单击“文件”→“打印”按钮，预览打印效果。

三、分析总结

① 进行格式设置时，一般需要先选定再设置。

②设置格式有多种途径。使用功能区相应选项卡中的按钮命令设置较快捷；如果打开相应的对话框选择设置，选项更多、设置值更精确。

③ 如果格式设置错误，可以马上按“撤销”按钮恢复原状，也可以利用“开始”选项卡“字体”组中的“清除格式”按钮，清除所有格式。

④设置边框与底纹效果时，应用于“段落”与应用于“文字”的效果是不同的。

实验三 表格的建立与编辑

一、实验目的

（1）掌握Word表格的建立方法。

（2）掌握表格的编辑方法。

（3）掌握表格的格式化方法。

（4）掌握表格的计算与排序方法。

二、实验内容

1．制作课程表

制作图2-5所示的课程表。

课 程 表

星期 / 节次		一	二	三	四	五
上午	1-2	高数		大学英语		
	3-4		计算机基础		物理	
下午	5-6					体育
	7-8	心理学				

图2-5 课程表效果

操作要求如下。

① 设置表格行高为1.0厘米，列宽为1.8厘米。

② 设置所有单元格对齐方式为“居中”。

③ 设置表头文字“课程表”为华文行楷、小二号字，居中对齐，字符间距为加宽10磅。

④ 设置第1行、第1列和第2列的文字为黑体、小四；表格内其他单元格的文字为宋体、五号、加粗显示。

⑤ 设置表格为“居中”。

⑥ 设置表格外边框为黑色、2.25磅的外粗内细双线，“上午”和“下午”的上边线为1.5磅的单线。

⑦ 将表格第1行的底纹设置为“蓝色，强调文字颜色1，淡色60%”。

⑧ 保存文件名为“表格.docx”。

操作步骤如下。

（1）插入表格

① 将插入点置于要插入表格的位置。

② 单击“插入”→“表格”→“表格”按钮，在网格上拖动鼠标指针插入一个5行6列的表格。

（2）调整表格

① 选定表格第1列的第2~5行，单击表格工具“布局”→“合并”→“拆分单元格”，在打开的“拆分单元格”对话框中，设置“列数”为2、“行数”为4，单击“确定”按钮，则将选定行拆分成两列。

② 选定第1列第2~3行，单击表格工具“布局”→“合并”→“合并单元格”，同样，合并第1列的第4~5行。

③ 将插入点置于第1行第1个单元格中，单击表格工具“设计”→“表格样式”→“边框”，在下拉列表中选择“斜下框线”，在第1个单元格中插入斜线，效果如图2-6所示。

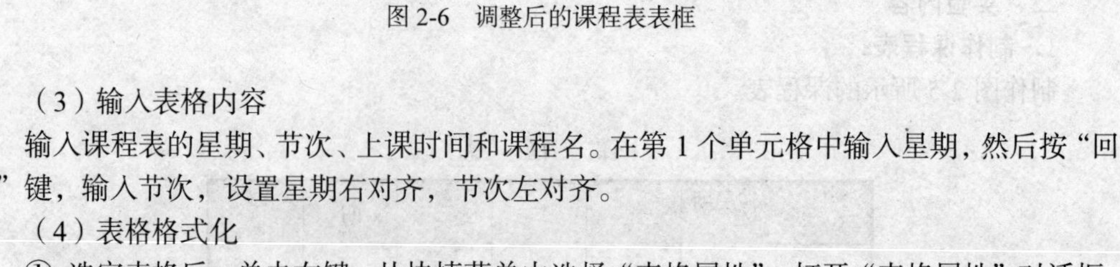

图2-6 调整后的课程表表框

（3）输入表格内容

输入课程表的星期、节次、上课时间和课程名。在第1个单元格中输入星期，然后按“回车”键，输入节次，设置星期右对齐，节次左对齐。

（4）表格格式化

① 选定表格后，单击右键，从快捷菜单中选择“表格属性”，打开“表格属性”对话框，分别打开其“行”“列”选项卡，设置行高为1.0厘米，列宽为1.8厘米。

② 选定表格后，单击右键，从快捷菜单中选择“单元格对齐方式”→“水平居中”，使单元格内文字水平和垂直均居中。

③ 选定表头文字“课程表”，单击“开始”选项卡“字体”和“段落”中的相应按钮，设置“华文行楷”“小二”号、“居中”；单击“开始”选项卡“字体”组右下角的“对话框启动器”按钮，打开“字体”对话框的“高级”选项卡，设置字符间距为加宽10磅。

④ 选定表格，在表格工具“设计”选项卡“绘图边框”组中选择外粗内细双线线型、2.25 磅线宽，使用表格工具“设计”选项卡“表格样式”组中“边框”按钮，设置外框线。

⑤ 选定 1 ~ 2 节所在行，再按住 Ctrl 键的同时选定 5 ~ 6 节所在行，在表格工具“设计”选项卡“绘图边框”组中选择单线线型、1.5 磅线宽，使用表格工具“设计”选项卡“表格样式”组中“边框”按钮，设置上框线。

⑥ 选定表格第 1 行，设置底纹为“蓝色，强调文字颜色 1，淡色 60%”。

2. 对表中数据进行计算与排序

制作最终表格，并完成其中数据的计算与排序。

操作要求如下。

① 在 Word 中建立图 2-7 所示的初始表格。

② 将表格标题设置为小二号、隶书、加粗，居中显示。

③ 在表格最后一列右侧添加一列“年平均”，在表格底部添加一行“总和”。

④ 计算各商场的年平均，结果保留 2 位小数。

⑤ 计算各季度总销售额。

⑥ 按“年平均”由高到低给各商场排序。

⑦ 为表格选择一种自动套用样式。最终效果如图 2-8 所示。

集团销售额统计表（万元）

商场名称	一季度	二季度	三季度	四季度
一商场	2638	2268	2154	2388
二商场	2598	3076	3965	4130
三商场	1876	2233	3190	3321

图 2-7 初始表格

集团销售额统计表（万元）

商场名称	一季度	二季度	三季度	四季度	年平均
二商场	2598	3076	3965	4130	3442.25
三商场	1876	2233	3190	3321	2655.00
一商场	2638	2268	2154	2388	2362.00
总和	7112	7577	9309	9839	

图 2-8 最终效果

操作提示如下。

（1）建立表格

① 在文档中，插入图 2-7 所示的 4 行 5 列的初始表格，并填写数据。

② 在初始表格的右侧插入一列、底部插入一行。

（2）计算年平均

① 将插入点置于“一商场”年平均单元格中，单击“布局”→“数据”→“公式”按钮，弹出“公式”对话框。

② 通过“粘贴函数”在“公式”文本框中输入公式=AVERAGE(LEFT)。

③ 选择“编号格式”为 0.00，保留两位小数。

④ 其他商场年平均，重复步骤①～③计算。

（3）计算总和

插入公式=SUM(ABOVE)来计算。

（4）选定“年平均”及其列中数据所在的4个单元格，单击“布局”→“数据”→“排序”按钮，弹出“排序”对话框，在主要关键字为“年平均”的选项卡中选择“降序”单选按钮。

（5）选择表格套用格式。

3．制作简历表

制作图2-9所示的个人简历表，表格格式自行设计

基本情况						
姓名	张凯	学历	本科	政治面貌	群众	照片
性别	男	出生年月	1987年1月	籍贯	大连市	
民族	汉	婚姻情况	未婚	外语水平	英语六级	
毕业院校		海事大学		所学专业	航海技术	
联系电话		13845912345		电子邮箱	ch003@163.com	
教育经历		时间		所在学校	学历	

图2-9　个人简历表

操作提示如下。

制作表格时，将插入表、绘制表格、合并与拆分单元格、自动调整等功能结合应用。照片栏中插入一个“人物”类的剪贴画。

三、分析总结

（1）表格有多种插入方法：由若干行若干列构成的规则的小规模表格，可以在表格网格上拖动鼠标指针快速插入；大表格可以使用“表格对话框”设置插入；不规则表格可以结合合并与拆分单元格、手动绘制等办法绘制实现。

（2）建立表格的一般步骤是先设计好表格框线，再输入表格内容，最后对内容及框线进行格式化设置。

（3）把数据组织在表格中，排列得比较整齐。需要时，可将表格框线设置为虚框，打印时表格框线不打印，只打印单元格中的数据。

实验四　图文混排

一、实验目的

（1）掌握Word中各种图形对象的插入方法。

（2）掌握图片的编辑方法。

（3）掌握图片的环绕等格式的设置方法。

（4）掌握用文本框组织文本的方法。

（5）了解利用画布绘制图形的方法。

二、实验内容

1．制作图文混排文档

打开文档“做一个有意思的人.docx”（文档内容可自选），进行图文混排，效果如图2-10所示。

（1）操作要求

① 将标题“做一个有意思的人”制作为艺术字。渐变填充-蓝色，强调文字1；华文楷体，28号；文本效果为转换：波形1；阴影：左上角透视；在页面中居中显示。

做一个有意思的人

与几位好友有一个共识，大家对一个人最高的评价是："这是一个很有意思，很精彩的人。"

所谓有意思的人，应该是代表有某种思想、某种判断、某种激情的人。这个人应该是聪明的、可爱的、有趣的。他可以是老师、学生、商人、政客、军人、出租车司机或任何职业。这个人独特的经历造就着他的丰富。每次你和他在一起的时候，都能得到一些新的想法和角度，也许是你和他截然相反的观点能碰撞出一些火花，也许是被他的幽默启发了那么一点儿灵感。

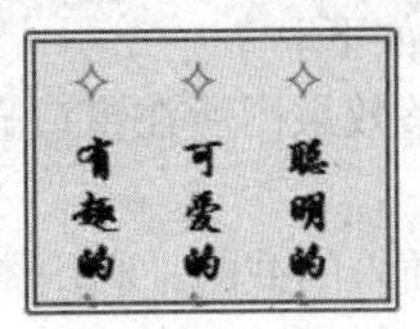

在耶鲁读书的时候我也注意到，这也是一个在美国，特别是知识阶层很多人都认同的一个标准或说法。耶鲁法学院有几个即将拿到法学博士的学生告诉我，他们准备一毕业就到中国来生活两年，学习中文，了解文化，也许再干点儿什么，挣点儿钱再四处游历一下。以他们的学历，在纽约或华盛顿找一个年薪十几万的工作易如反掌，为什么偏偏要做这样的选择呢？他们的回答非常简单："中国现在这么让世界关注，到中国生活两年，学会中文，会是一件非常有意思的事。"我说那你不挣那几十万美元的高薪了？回答是："钱，以后有的是机会挣，趁年轻的时候，要让自己高高兴兴地做一些有意思的事。"

而我们中国的年轻人呢？似乎不少是大学一毕业就攒钱或找父母借钱买房子，然后把自己变成了一个不敢冒险、小心谨慎、天天想着供车供房的人。这样的选择，只会帮助成就了几个富豪榜上的地产商，却失去了自己该有的朝气和勇气以及随之而来的各种机会和可能。当然，地产蒸蒸日上，中国的 GDP 也能跟着涨几个点。但这几个点的机会成本是：我们少了很多有意思的中国人，有意思的事会变得越来越少。

做一个有意思的人

图 2-10　图文混排效果

② 正文字体为华文楷体，字号五号。首行缩进 2 字符，行距 20 磅，段后 6 磅。

③ 在正文第 3 段，插入"人物"类剪贴画，设置环绕方式为四周型，大小为 3.6cm 高，4.8cm 宽，位置适当。

④ 在正文第 2 段，插入文本框。框内文字华文行楷、四号、加粗、加蓝色菱形项目符号；文本框加紫色双线边框、粗细 4 磅，填充色-紫色，强调文字颜色 4，淡色 80%；环绕方式四周型；文本框自适应文本调整。

⑤ 在最后一段插入形状为"前凸带形"的图形，细微效果-橄榄色，强调颜色 3，轮廓颜色为绿色；字体黑体，小四，绿色，居中；环绕方式为紧密型环绕。

（2）操作提示

① 选定标题，单击"插入"→"文本"→"艺术字"按钮，选择样式，插入艺术字。

② 插入剪贴画时，窗口右侧会出现"剪贴画"窗格，在"搜索"框中输入"人物"，单击"搜索"，下方列表中即可列出该类的剪贴画，供复制到文档中。

③ 改变剪贴画大小时，应取消"锁定纵横比"复选项的选定。

④ 设置文本框随文字自动缩放时，勾选文本框的"根据文字调整形状大小"复选框，同时取消选择"形状中的文字自动换行"。

⑤ 选定插入的图形对象，会弹出绘图工具"格式"选项卡，利用该选项卡完成格式设

置。也可以右击选定对象，选择“设置形状格式”，弹出“设置形状格式”对话框，进行格式设置；环绕方式可通过“排列”组中的“位置”或“自动换行”设置。

2．复制屏幕截图

将实验内容1中设置好的效果图通过屏幕截图功能复制到文档中。

操作提示如下。

① 先调整效果图所在窗口显示比例至需要大小，单击“插入”→“屏幕截图”按钮，选择所需窗口。

② 选定插入的截图，利用图片工具中的“格式”→“大小”→“裁剪”，对截图适当裁剪。

3．插入 Smart Art 图

制作效果如图 2-11 所示

图 2-11　Smart Art 图

操作步骤如下。

① 插入 Smart Art 图。单击“插入”→“插图”→“Smart Art”按钮，选择“关系”类中的“公式”子类。

② 添加计算项。选定等号左侧一个形状，单击“设计”→“创建图形”→“添加形状”按钮。

③ 在各形状中输入文本内容。

④ 设置外观。选定 Smart Art 图，单击“设计”→“Smart Art 样式”下拉按钮，选择“优雅”；逐一选定形状，“更改颜色”为红、绿、蓝、黑。

4．利用形状工具绘制图 2-12 所示图形

操作提示如下。

① 利用“插入”→“插图”→“形状”绘制图形。

② 所有图形形状要组合为一个整体。可以利用绘图画布完成，也可以完成后全选再组合。

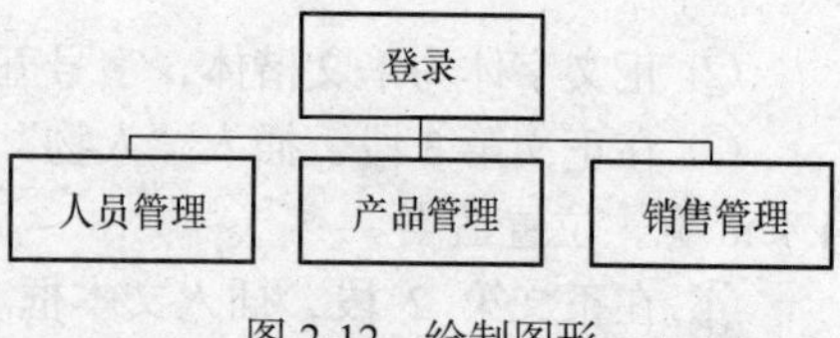

图 2-12　绘制图形

三、分析总结

（1）插入图片、剪贴画、各种形状、屏幕截图、Smart Art 图、艺术字、文本框等对象后，都会弹出相应的工具选项卡，利用该选项卡可以进行格式设置。

（2）设置各对象格式时，应先选定。

（3）进行图文混排时，设置合适的环绕效果很重要。

（4）如果在绘图画布中绘制图形，所有图形可以自动组合为一个整体。

实验五　Word 综合练习

实验内容

打开实验文档，按以下操作要求进行操作，最终效果如图 2-13 所示。

马云和阿里巴巴

马云成为中国首富

2014 年 8 月 28 日，根据彭博亿万富豪指数显示，49 岁的阿里巴巴集团创始人兼董事局主席马云已经拥有 218 亿美元净资产，成为中国首富。位居中国富豪榜第二位的是腾讯创始人马化腾，其财富比马云少 55 亿美元，而百度创始人李彦宏则位居第三。第四到六分别为王健林、宗庆后和刘强东。

2014 年 9 月 20 日凌晨消息，阿里巴巴(93.89, 25.89, 38.07%)集团昨日晚间成功登陆纽交所，并且开盘报以 92.7 美元，较 68 美元发行价上涨 36.3%，阿里巴巴集团市值达到 2383.32 亿美元。至此，阿里巴巴执行主席马云的身价也达到 212.12 亿美元，超过王健林和马化腾，成为中国新首富。

据统计数据显示，马云的身家2014年已经涨了248%，这可能是因为阿里巴巴业绩表现出色。在截至 2013 所致年12 月份的 9 个月中，阿里巴巴的营业额大幅增长了 57%，远超过了支出 33%的增幅。[i]

2014 胡润[1]百富榜发布，50 岁的马云及其家族以 1500 亿财富首次问鼎中国首富，马云成为胡润百富榜成立 16 年来的第 11 位中国首富。

全球富豪排行榜

排名	姓名	财富（亿人民币）	公司
1	比尔·盖茨	4100	微软
2	沃伦·巴菲特	3800	伯克希尔·哈撒韦
3	阿曼西奥·奥特加	3700	印第迪克

i 数据来源于百度百科

1 英国人，《胡润百富》杂志创刊人

-1-

图 2-13　最终效果

① 标题字体为华文行楷，二号，文本效果为渐变填充-黑色，轮廓-白色，外部阴影，居中显示。

② 正文设置为黑体，小四，颜色为深蓝，文字 2；第一句话加着重号。

③ 正文首行缩进 2 个字符，段前 6 磅，行间距为 1.5 倍行距。

④ 为最后一段加如图 2-13 所示的蓝色边框，底纹颜色为深蓝，文字 2，淡色 80%。

⑤ 对第 2 段进行分栏：三栏，加分隔线。

⑥ 对第 3 段设置首字下沉：下沉 2 行，距离正文 0.2 厘米。

⑦ 插入剪贴画，环绕方式为四周型，高度和宽度均为 2.5 厘米。

⑧ 在第 3 段最后插入尾注，内容为“数据来源于百度百科”，字号小五。在第 4 段的“胡润”后面插入脚注，内容为“英国人，《胡润百富》杂志创刊人”，字号小五。

⑨ 插入页眉，内容为“马云和阿里巴巴”，居中；在页脚插入格式为“-1-”的页码，右对齐。

⑩ 表格在页面居中显示。表格标题为隶书，小三，加粗，加宽 3 磅，居中。

⑪ 表格单元格高度为 0.6 厘米，宽度为 3.5 厘米，对齐方式为水平居中。

⑫ 设置表格框线颜色为红色，外边框为 1.5 磅的双线；第 1 行的下边线为 1.5 磅的单线。

⑬ 将表格第 1 行的底纹设置为“红色，强调文字颜色 2，淡色 80%”。

第3章

电子表格

实验一 工作表的基本操作和格式化

一、实验目的

（1）掌握 Excel 2010 的启动与退出方法。

（2）掌握在工作表中输入数据的方法。

（3）掌握公式和函数的使用方法。

（4）掌握数据的编辑与修改方法。

二、实验内容

1．建立和编辑工作表

操作步骤如下。

① 启动 Excel 2010，在空白工作表中输入表 3-1 所示的数据，并以“工作簿 1.xlsx”为文件名保存在指定文件夹中。

表 3-1　　学生成绩表

学号	姓名	数学	外语	计算机	总分	平均分	名次	总评
12001	吴华	98	77	88				
12002	钱玲	88	90	99				
12003	张家鸣	67	76	76				
12004	杨梅华	66	77	66				
12005	汤沐化	77	65	77				
12006	万科	88	92	100				
12007	苏丹平	43	56	67				
12008	黄亚非	57	77	65				
每科最高分								
每科平均分								
每科优秀率								
分数段人数	0～59							
	60～69							
	70～79							
	80～89							
	90～100							

② 为了提高输入速度，可以在输入“学号”字段中采用“自动填充”数据的方法，具体操作如下。

- 在单元格 A2 和 A3 分别输入“'12001”和“'12002”（纯数字文本，注意输入纯数字文本时要加英文半角状态下的单引号）。
- 选中 A2 和 A3 单元格，移动鼠标指针至区域右下角，当鼠标指针变成实心十字时，向下拖曳鼠标指针至 A9 单元格时放开鼠标。

③ 在所建表格的上面插入一个空白行，输入“学生成绩表”，具体操作如下。

- 选中单元格 A1，在“开始”选项卡“单元格”组中，选择 “插入”右侧的下拉列表按钮，在列表中选择“插入工作表行”选项，即可插入一个空白行。
- 在 A1 单元格中输入“学生成绩表”。

④ 将工作表的标签改为“学生成绩”，具体操作如下。

- 选择工作簿默认的 sheet1，单击鼠标右键，在弹出的菜单栏中选择“重命名”。
- 在原标签上输入“实验一 学生成绩”。

2．工作表的计算

操作步骤如下。

① 计算每个学生的总分。总分计算可利用 SUM（求和）函数完成，也可直接输入计算公式，为了减少出错，建议尽量选择插入函数完成。具体步骤如下。

- 选中 F3 单元格，选择“公式”选项卡的“插入函数”对话框，选择常用函数 SUM，打开 SUM 函数对话框，单击“折叠”按钮选择数据范围为 C3:E3（选中部分），如图 3-1 所示。选定完后单击“确定”即可。

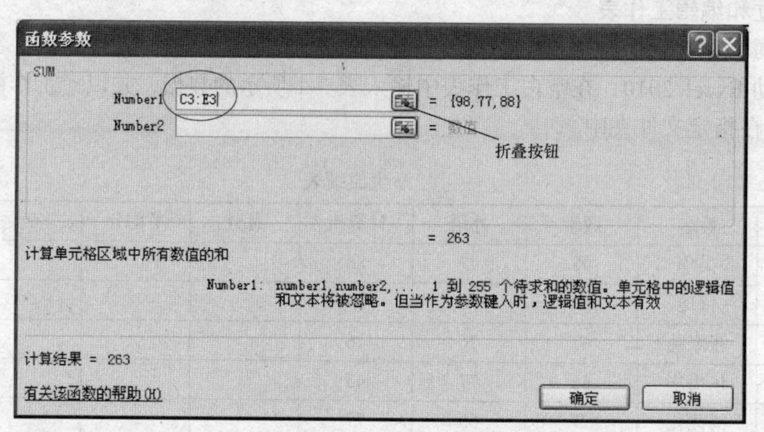

图 3-1 SUM 函数对话框

- 其余单元格的计算可以通过拖动填充柄实现。即将鼠标指针移动到 F3，拖动其右下角填充柄（鼠标指针变成“**＋**”）到最后一个同学 F10 为止。

② 计算每个学生的平均分。平均分计算可利用 AVERAGE（求平均）函数完成。操作步骤同 SUM 函数。

③ 根据总分排列所有学生的名次。名次计算可利用 RANK 函数完成。操作步骤如下。

- 选中 H3 单元格，选择“公式”选项卡的“插入函数”对话框，选择全部函数 RANK，打开 RANK 函数对话框，如图 3-2 所示。

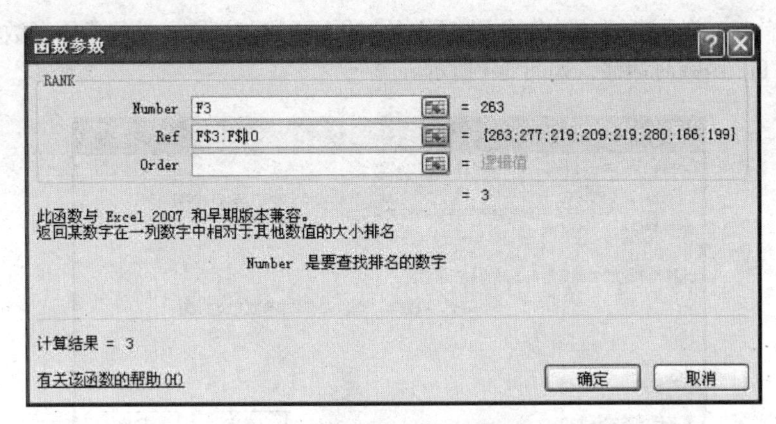

图 3-2　RANK 函数对话框

在 Number 中输入第一个学生的总分。在 Ref 中输入所有总分所在的单元格地址 F3:F10，由于还要用到填充柄填充其他同学的名次，所以在引用公式时，F3:F10 不应当随着公式的引用发生变化，应采用绝对引用，即$F$3:$F$10，但本题目在引用公式时，只需向下引用，即列不变，所以本题目可以采用混合引用，即 F$3:F$10。Order 表示排列的次序，升序只要填充一个非零的数即可，降序填充 0 或为空，本题目是降序，未填任何内容。

- 其余单元格的计算可以通过拖动填充柄实现。

④ 评出优秀学生，平均分在 90 分以上（包括 90 分）的为优秀，在总评栏上填写“优秀”。操作步骤如下。

- 选择 I3 单元格。选择“公式”选项卡的“插入函数”对话框，选择常用函数 IF，打开 IF 函数对话框，如图 3-3 所示。

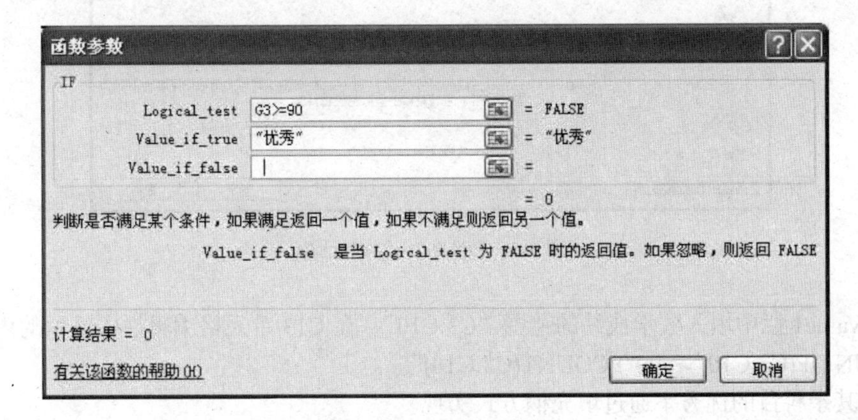

图 3-3　IF 函数对话框

在 Logical_test 栏中填写 IF 函数的判断条件“G3>=90”，在 Value_if_true 中输入满足条件时显示的内容“'优秀'”。若其他的显示要求空白，则要在 Value_if_false 中输入空格键；若无任何输入的话，默认的情况是自动填充了“false”。

- 其余学生的总评通过填充柄方式实现。

⑤ 用 MAX 函数、AVERAGE 函数求出每科最高分和每科平均分。

⑥ 用 COUNTIF 和 COUNT 函数统计每门课程的优秀率。COUNTIF 函数可以计算每科的优秀的人数；COUNT 函数可以计算每门科目的人数。因此，通过两个函数之比即可得出优秀率。操作步骤如下。

• 选择 C13 单元格。选择“公式”选项卡的“插入函数”对话框，选择常用函数 COUNTIF，打开 COUNTIF 函数对话框，如图 3-4 所示。

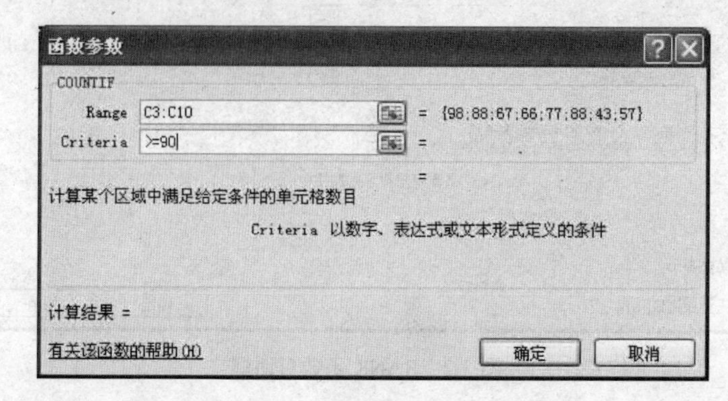

图 3-4 COUNTIF 函数对话框

在 Range 栏中填入数学成绩的范围“C3:C10”；在 Criteria 填入统计的条件“>=90”。

• 到 C13 单元格编辑栏，输入“/”。

• 选择“公式”选项卡的“插入函数”对话框，选择常用函数 COUNT，打开 COUNT 函数对话框，如图 3-5 所示。

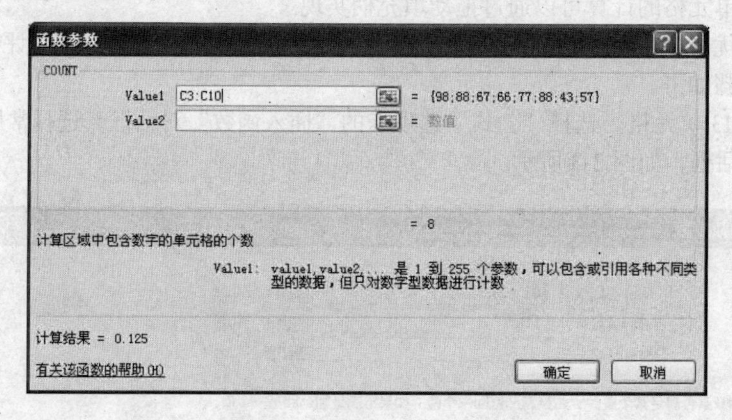

图 3-5 COUNT 函数对话框

在 Value1 栏中填入数学成绩的范围“C3:C10”。在 C13 单元格编辑栏中显示的内容就是“=COUNTIF(C3:C10,">=90")/COUNT(C3:C10)”。

• 其余科目的优秀率通过填充柄方式实现。

⑦ 用 COUNTIF 统计各分数段。具体内容如下。

• “数学 0～59”的公式为“=COUNTIF(C3:C10,"<60")”；
• “数学 60～69”的公式为“=COUNTIF(C3:C10,"<70")-COUNTIF(C3:C10,"<60")”；
• “数学 70～79”的公式为“=COUNTIF(C3:C10,"<80")-COUNTIF(C3:C10,"<70")”；
• “数学 80～89”的公式为“=COUNTIF(C3:C10,"<90")-COUNTIF(C3:C10,"<80")”；
• “数学 90～100”的公式为“=COUNTIF(C3:C10,">=90")”；
• 其余科目的各分数段通过填充柄方式实现。

⑧ 计算后的样张如图 3-6 所示。

	A	B	C	D	E	F	G	H	I
1	学生成绩表								
2	学号	姓名	数学	外语	计算机	总分	平均分	名次	总评
3	12001	吴华	98	77	88	263	87.6667	3	
4	12002	钱玲	88	90	99	277	92.3333	2	优秀
5	12003	张家鸣	67	76	76	219	73	4	
6	12004	杨梅华	66	77	66	209	69.6667	6	
7	12005	汤沐化	77	65	77	219	73	4	
8	12006	万科	88	92	100	280	93.3333	1	优秀
9	12007	苏丹平	43	56	67	166	55.3333	8	
10	12008	黄亚非	57	77	65	199	66.3333	7	
11	每科最高分		98	92	100				
12	每科平均分		73	76.25	79.75				
13	每科优秀率		0.125	0.25	0.25				
14	分数段人数	0-59	2	1	0				
15		60-69	2	1	3				
16		70-79	1	4	2				
17		80-89	2	0	1				
18		90-100	1	2	2				

图 3-6　计算完成后的样张

3．工作表的格式化

操作步骤如下。

① 将表格标题行（第一行）设置行高为 25 厘米，字体为华文楷体、14 磅，底纹颜色浅蓝色，合并居中；其他文本设为宋体、10 磅、水平居中。

② 将表格各列宽设为 7，平均分保留 2 位小数，优秀率用百分率表示，保留 2 位小数，将姓名字段分散对齐，将“分数段人数”竖排排列。

③ 设置表格边框线：外框线为绿色双实线，内线为蓝色单实线。

操作提示：

以上的操作首先选定需要设置格式的单元格或单元格区域，然后使用“开始”选项卡下的各种相应按钮，若需要较为复杂的操作可以单击各种选项组的 按钮，打开“设置单元格格式”对话框进行更多更详尽的设置。

④ 对于不及格的课程分数以红色、粗体、浅绿色底纹显示；将具有“优秀”字样的单元格设置为浅红填充色深红文本。操作步骤如下。

- 选定课程分数区域 C2:E10。
- 在“开始”选项卡上的“样式”组中找到“条件格式”旁边的箭头，单击“突出显示单元格规则”，在打开的选项中单击“小于”按钮。
- 在弹出的对话框中输入“60”，然后设置单元格显示样式，修改“自定义格式...”为红色、粗体、浅绿色底纹显示。设置完毕后，单击“确定”按钮，如图 3-7 所示。

图 3-7　“小于 60”条件格式对话框

- 选定区域 I3:I10，重复以上操作，完成单元格等于“优秀”，浅红填充色深红文本条件操作。

⑤ 最后，存盘，保留结果。格式化后的样张如图 3-8 所示。

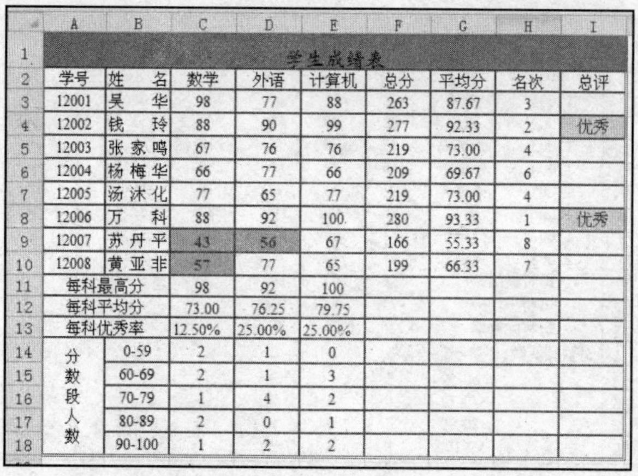

	A	B	C	D	E	F	G	H	I
1	学生成绩表								
2	学号	姓　名	数学	外语	计算机	总分	平均分	名次	总评
3	12001	吴　华	98	77	88	263	87.67	3	
4	12002	钱　玲	88	90	99	277	92.33	2	优秀
5	12003	张家鸣	67	76	76	219	73.00	4	
6	12004	杨梅华	66	77	66	209	69.67	6	
7	12005	汤沐化	77	65	77	219	73.00	4	
8	12006	万　科	88	92	100	280	93.33	1	优秀
9	12007	苏丹平	43	56	67	166	55.33	8	
10	12008	黄亚非	57	77	65	199	66.33	7	
11	每科最高分		98	92	100				
12	每科平均分		73.00	76.25	79.75				
13	每科优秀率		12.50%	25.00%	25.00%				
14	分数段人数	0-59	2	1	0				
15		60-69	2	1	3				
16		70-79	1	4	2				
17		80-89	2	0	1				
18		90-100	1	2	2				

图 3-8　格式化完成后的样张

三、分析总结

（1）当遇到一些有规律的数据时，比如本例中的“学号”，应尽量用自动填充的方法，不仅速度较快，同时可以减少错误。

（2）使用函数时，尽量选择插入函数完成，避免手写函数；函数表达式中遇到运算符、标点符号等，一定要用英文格式。

（3）在函数使用过程中，要注意相对引用、绝对引用和混合引用的正确使用，否则达不到题目的要求。

（4）格式化工作表时，一定要先选中需要改变格式的单元格或单元格区域。

四、练习

1．职工工资表

给定职工基本数据如表 3-2 所示。

表 3-2　　职工工资表

姓名	工龄	部门	基本工资	奖金	应发工资	会费	实发工资
王奔	9	市场部	1800	970			
张发	12	技术部	2000	1050			
田奇	14	技术部	2200	1290			
赵杰	5	技术部	1500	890			
张良	7	市场部	1600	980			
周辉	20	市场部	2500	1500			

要求如下。

① 输入数据，将工作表命名为“工资表”。

② 在表格的最上端插入一行，输入标题“职工工资表”。

③ 计算应发工资、会费和实发工资（提示：会费按基本工资的 0.5%缴纳）。

④ 计算工龄少于 10 年的基本工资总和。

⑤ 对工作表按如下要求进行格式化。

- 将标题字体设置为华文行楷，16 号字，合并居中，加上下划线显示，浅绿色背景。
- 将表中其他文字设置为宋体、12 号字，居中，其中注意相关数字以货币型显示，将“田奇”和“周辉”单元格添加批注“部长”，姓名分散对齐。

- 将表格中实发工资中超过 3000 的单元格，背景设为浅红色，文字设为深红色显示。
- 将单元格边框设置为细虚线，表格外框设置为双实线。

操作结果参考示例如图 3-9 所示。

	A	B	C	D	E	F	G	H
1	职工工资表							
2	姓　名	工龄	部门	基本工资	奖金	应发工资	会费	实发工资
3	王　奔	9	市场部	￥1,800.00	￥970.00	￥2,770.00	￥9.00	￥2,761.00
4	张　发	12	技术部	￥2,000.00	￥1,050.00	￥3,050.00	￥10.00	￥3,040.00
5	田　奇	14	技术部	￥2,200.00	￥1,290.00	￥3,490.00	￥11.00	￥3,479.00
6	赵　杰	5	技术部	￥1,500.00	￥890.00	￥2,390.00	￥7.50	￥2,382.50
7	张　良	7	市场部	￥1,600.00	￥980.00	￥2,580.00	￥8.00	￥2,572.00
8	周　辉	20	市场部	￥2,500.00	￥1,500.00	￥4,000.00	￥12.50	￥3,987.50
9								
10	工龄不满10年职工的基本工资总和				￥4,900.00			

图 3-9 “工资表”操作结果参考示例

2．库存量表

给定库存量数据如表 3-3 所示。

表 3-3 库存量统计表

库存量			
产品名称	入库数量	出库数量	库存数量
洗衣机	760	530	
电冰箱	850	760	
电视机	1200	950	
家庭影院	880	350	
空调机	740	580	

要求如下。

① 将工作表命名为“库存量”。

② 计算库存数量（=入库数量-出库数量）。

③ 将工作表标题合并居中并加下划线显示，字体为楷体，字号 14 磅；其他文字设为宋体，12 号字，水平居中。

④ 对库存数量设置条件格式：当库存数量小于 100 时用红色加粗斜体、蓝色背景显示；当库存数量大于 400 时用绿色加粗斜体显示。

⑤ 将单元格边框设置为最粗单实线。

⑥ 将栏目名和产品名设置为茶色，深色 25%背景，标题背景设置为橄榄色。操作结果参考示例如图 3-10 所示。

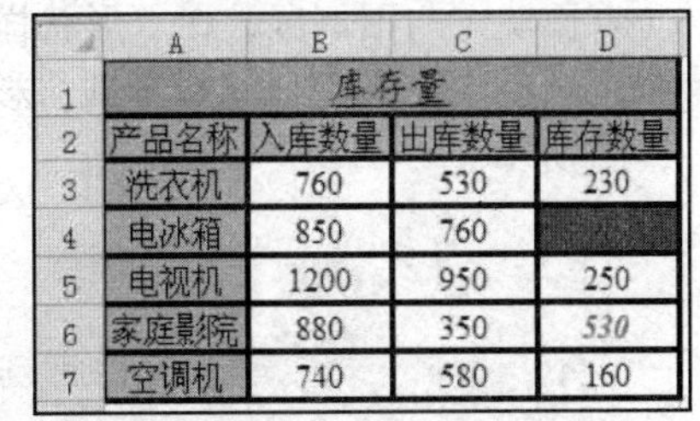

	A	B	C	D
1	库存量			
2	产品名称	入库数量	出库数量	库存数量
3	洗衣机	760	530	230
4	电冰箱	850	760	
5	电视机	1200	950	250
6	家庭影院	880	350	530
7	空调机	740	580	160

图 3-10 “库存量”操作结果参考示例

⑦ 将“库存量”工作表的行列进行转置，放置在 B12 开始的单元格上。

⑧ 在转置的工作表中增加一行“库存状态”，要求当库存量小于 100 时显示“需进货”；当库存量在 100 到 400 之间时显示空白；当库存量大于 400 时显示“库存量大”。转置后的操作结果如图 3-11 所示。

	A	B	C	D	E	F	G
9							
10							
11		库存量					
12		产品名称	洗衣机	电冰箱	电视机	家庭影院	空调机
13		入库数量	760	850	1200	880	740
14		出库数量	530	760	950	350	580
15		库存数量	230	[illegible]	250	*530*	160
16		库存状态		需进货		库存量大	

图 3-11　转置后的“库存量”操作结果

实验二　图表的制作

一、实验目的

（1）掌握图表的创建方法。

（2）掌握图表的编辑方法。

（3）掌握图表的格式化方法。

二、实验内容

1．插入新工作表并重命名

操作步骤如下。

① 打开“工作簿 1.xlsx”文件，用鼠标右键单击工作表“学生成绩”标签，在弹出的快捷菜单中单击“插入”选项，弹出“插入”对话框，选择“工作表”，在“学生成绩”标签前，生成一个新工作表。

② 鼠标右键单击新工作表标签，在弹出的快捷菜单中单击“重命名”选项，起名“柱形图”。

③ 单击“学生成绩”工作表，选择单元格区域 A2:G10，单击右键，在弹出的快捷菜单中选择“复制”。

④ 单击“柱形图”工作表，在 A1 单元格上单击右键，在弹出的快捷菜单中选择“选择性粘贴”，只粘贴“数值”。

2．制作柱形图的各学生成绩对比图

操作步骤如下。

① 在“柱形图”工作表中选择单元格区域 B1:E5，切换到功能区的“插入”选项卡，在“图表”选项组中单击“柱形图”按钮，选择“三维簇状柱形图”，生成柱形图。

② 单击柱形图区域，切换到功能区“图表工具 / 格式”选项卡，分别选中绘图区（背面墙）与图例区，在“形状样式”选项组中为绘图区选择样式“细微效果-水绿色，强调颜色 5”，图例区选择样式“彩色轮廓-蓝色，强调颜色 1”，简单修饰后的柱形图如图 3-12 所示。

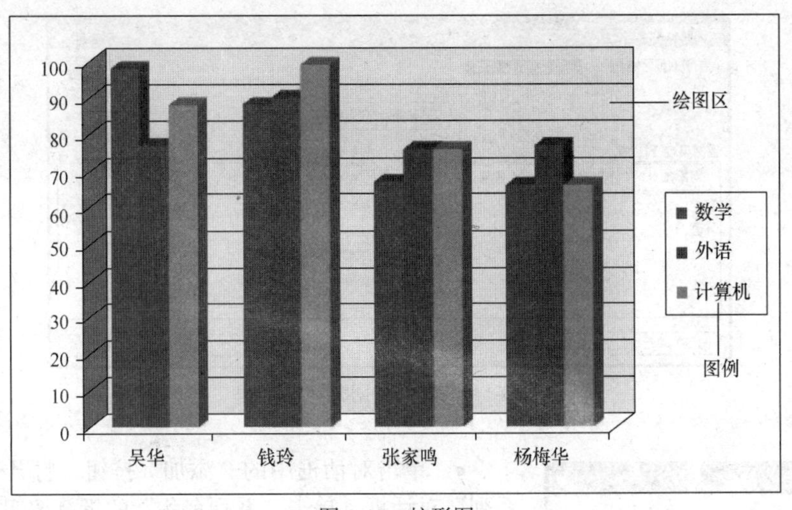

图 3-12　柱形图

③ 设置坐标轴标题、图表标题、坐标轴刻度。

- 单击图表区，切换到功能区中的“图表工具 / 布局”选项卡。单击“标签”组中“图表标题”按钮，选择“图表上方”选项，添加图表标题“成绩分析图”，设置标题字体为“隶书”，字号 18，颜色深红。
- 单击“标签”组中的“坐标轴标题”按钮，选择“主要横坐标标题”→“坐标轴下方标题”，添加横坐标标题“姓名”，字体为“宋体”，字号 14。
- 单击“标签”组中的“坐标轴标题”按钮，选择“主要纵坐标标题”→“竖排标题”，添加纵坐标标题“分数”，字体为“宋体”，字号 14。
- 单击“坐标轴”组中的“坐标轴”按钮，选择“主要纵坐标标题”→“其他主要纵坐标选项”，打开“设置坐标轴格式”选项卡，选择主要刻度为“固定，20”，可以改变坐标轴的刻度，修饰后的柱形图如图 3-13 所示。

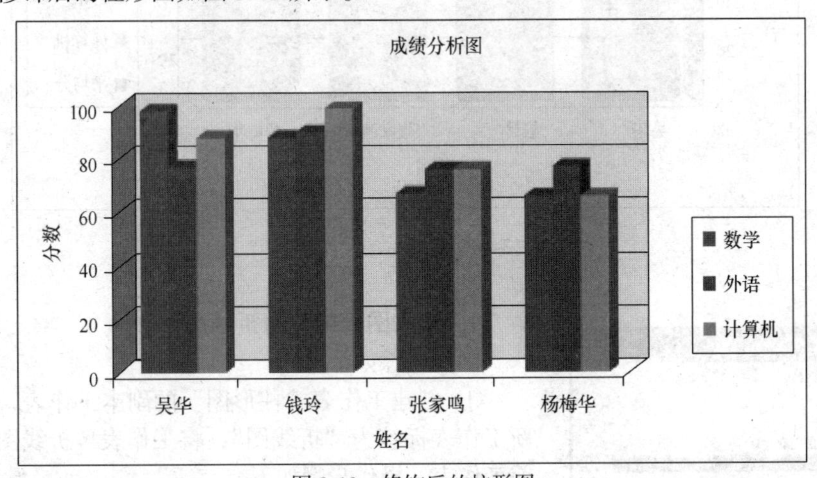

图 3-13　修饰后的柱形图

④ 添加平均分数据到图表中。

- 选取图表后，切换到“图表工具 / 设计”选项卡，然后按数据区的“选择数据”按钮，开启“选择数据源”对话框，如图 3-14 所示。

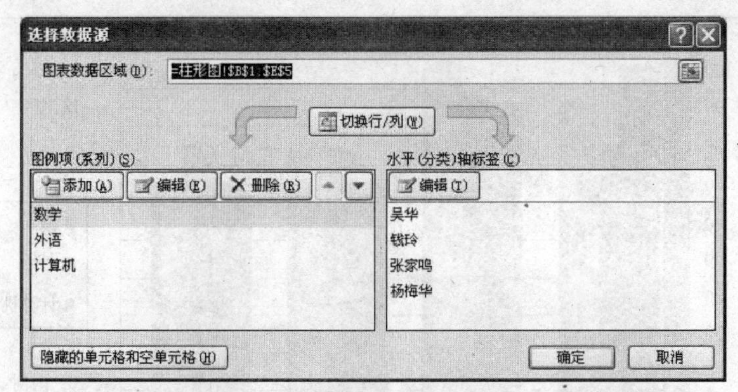

图 3-14 “选择数据源”对话框

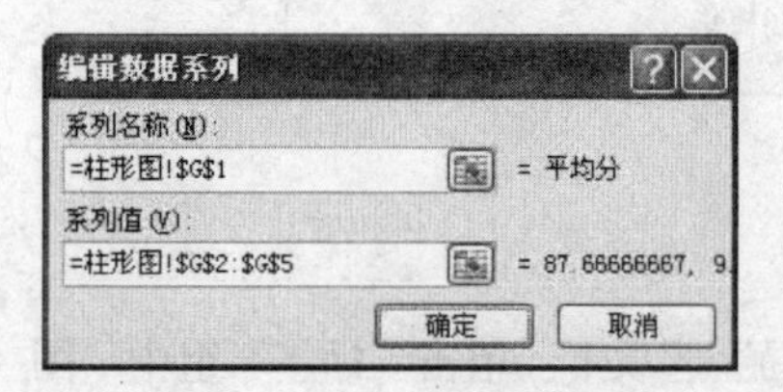

图 3-15 “编辑数据系列”对话框

- 单击对话框中的“添加”按钮，打开“编辑数据系列”对话框。单击“系列名称”的折叠按钮，用鼠标指针选择单元格 G1，再单击折叠按钮，回到“编辑数据系列”对话框。单击“系列值”折叠按钮，用鼠标指针选中单元格区域 G2:G5，再单击折叠按钮，回到“编辑数据系列”对话框，如图 3-15 所示。单击“确定”按钮。
- 添加了平均分的图表如图 3-16 所示。

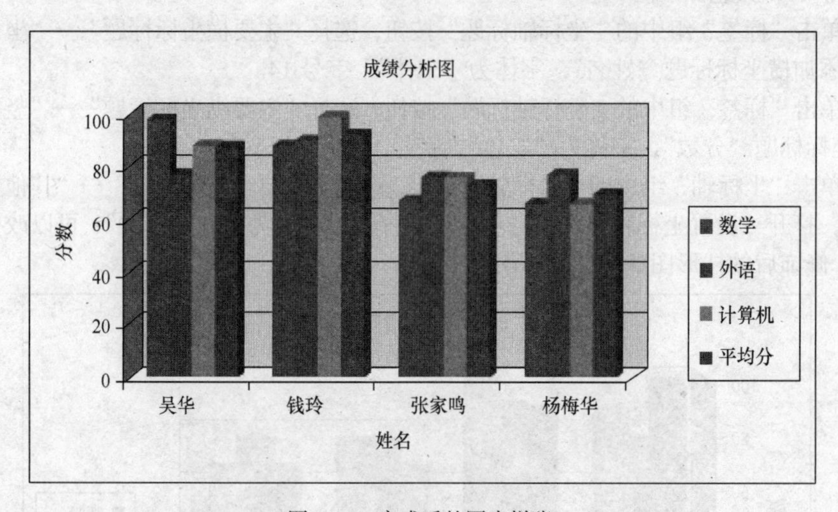

图 3-16 完成后的图表样张

3．修改图表类型为折线图

操作步骤如下。

① 创建工作表“柱形图”的副本工作表，并重命名新工作表标签为“折线图”，将工作表“折线图”作为当前工作表，操作步骤如下。

- 用鼠标右键单击工作表“柱形图”标签，在弹出的快捷菜单中单击“移动或复制”选项，弹出“移动或复制工作表”对话框，在“下列选定工作表之前（B）”的选项列中选择“柱形图”，勾选“建立副本”，如图 3-17 所示。新生成的工作表标签为“柱形图（2）”。

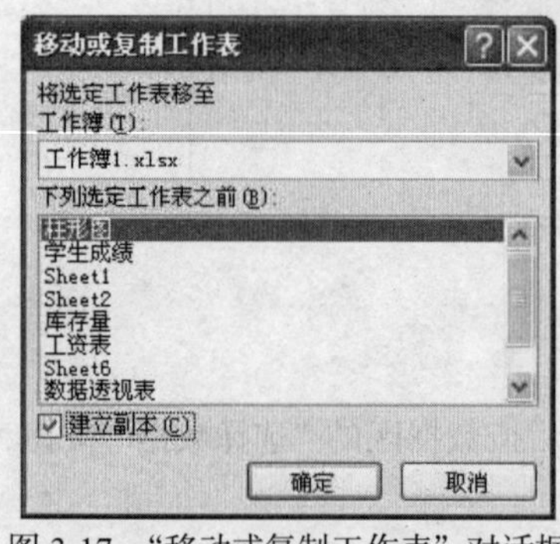

图 3-17 “移动或复制工作表”对话框

- 鼠标右键单击“柱形图（2）”，在弹出的快捷菜单中单击“重命名”选项，起名“折线图”。
- 将工作表“折线图”设为当前工作表。

② 选取图表后，切换到“图表工具 / 设计”选项卡。在“类型”选项组中单击“更改图表类型”按钮，显示“更改图表类型”对话框，选择“带数据标记的折线图”。改变后的折线图如图 3-18 所示。

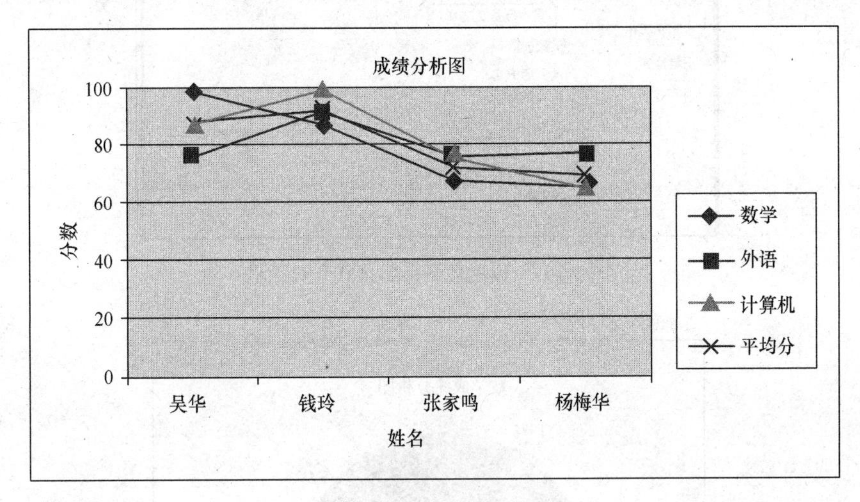

图 3-18　折线图样张

4．制作单科成绩的饼状分析图

操作步骤如下。

① 创建工作表“学生成绩”副本工作表，并重命名新工作表标签为“饼图”，将工作表“饼图”作为当前工作表。

② 选择 B14:C18，切换到“插入”选项卡，单击“饼图”按钮，选择“二维饼图”。

③ 单击图表区，切换到“图表工具 / 布局”选项卡，单击“标签”组中“图表标题”按钮，选择“图表上方”选项，添加图表标题“数学成绩分析图”，设置标题字体为“隶书”，字号 18。

④ 单击“标签”组中“数据标签”按钮，选择“其他数据标签选项”，弹出“设置标签格式”对话框，如图 3-19 所示。在“标签选项”的“标签包括”属性中勾选“百分比”，“标签位置”属性中勾选“数据标签外”。完成后，饼图外侧将显示不同等级人数占总人数的百分比。

⑤ 单击“图例”区，在“图表工具 / 布局”选项卡中单击“标签”组中“图例”按钮，选择“在底部显示图例”，将图例显示在底部。

⑥ 单击图表区，切换到“图表工具 / 设计”选项卡，在“图表样式”中选中样式 42，形成的最后图表如图 3-20 所示。

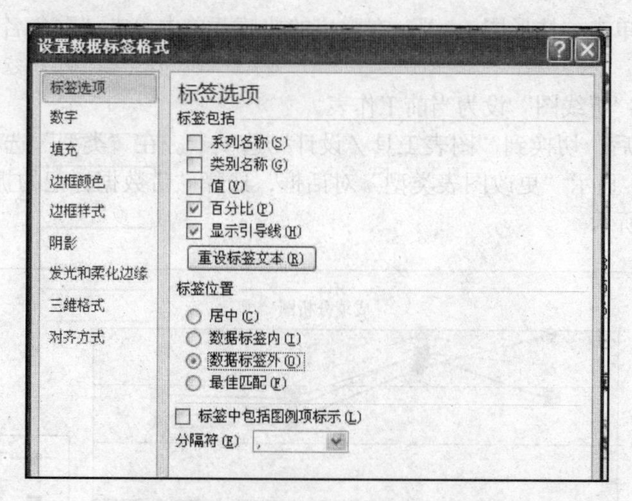

图 3-19 “设置数据标签格式”对话框

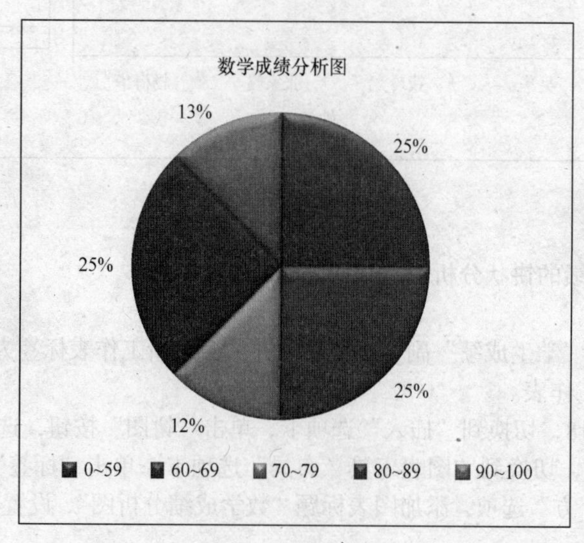

图 3-20 饼图样张

三、分析总结

① 创建图表前，正确选择数据项非常重要，不仅要选择数据本身，还要选择标题。若数据不连续，可以通过按住 Ctrl 键来选中。

② 当需要对已经建立好的图表进行修改时，可以利用鼠标右键完成，即在需要修改的地方单击右键，在弹出的快捷菜单中选择相应项进行修改。

四、练习

1．建条形图

以表 3-2“职工工资表”数据为基础，建立一个三位百分比堆积条形图，比较 4 位职工的基本工资和奖金的情况，并对图表进行格式化。

要求如下。

① 输入图表标题“奖金和基本工资所占比例”，字体为华文仿宋，字号 14。

② 背面墙样式为“细微效果-蓝色，强调颜色 1”，图例样式为“细微效果-紫色，强调颜色 4”。

③ 操作结果参考示例如图 3-21 所示。

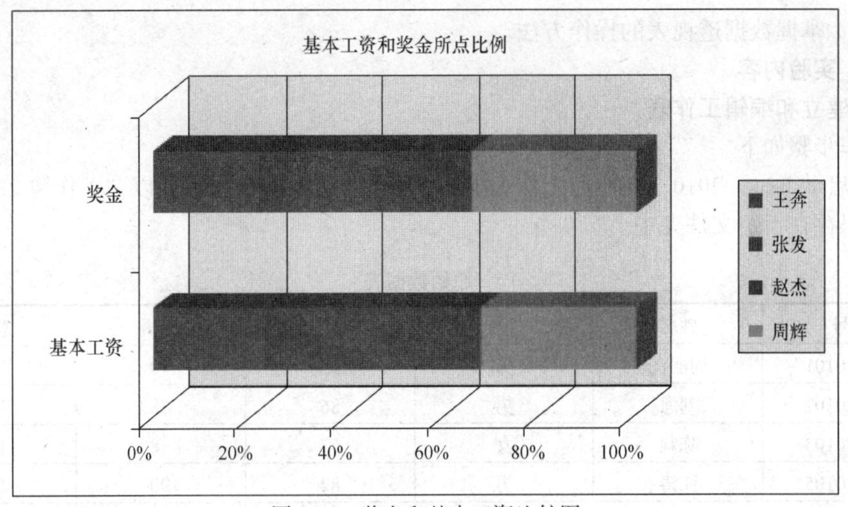

图 3-21　奖金和基本工资比较图

2．建折线图

以表 3-3“库存量”数据为基础，建立一个带数据标记的折线图，比较产品库存量的变化，并对图表进行格式化。

要求如下。

① 输入图表标题“产品库存量变化图”，字体为宋体，字号 16；输入横坐标标题“产品名称”，字体为宋体，字号 12。

② 为绘图区加入网格线，如样张所示。

③ 绘图区样式为“细微效果-橄榄色，强调颜色 3”。

④ 操作结果参考示例如图 3-22 所示。

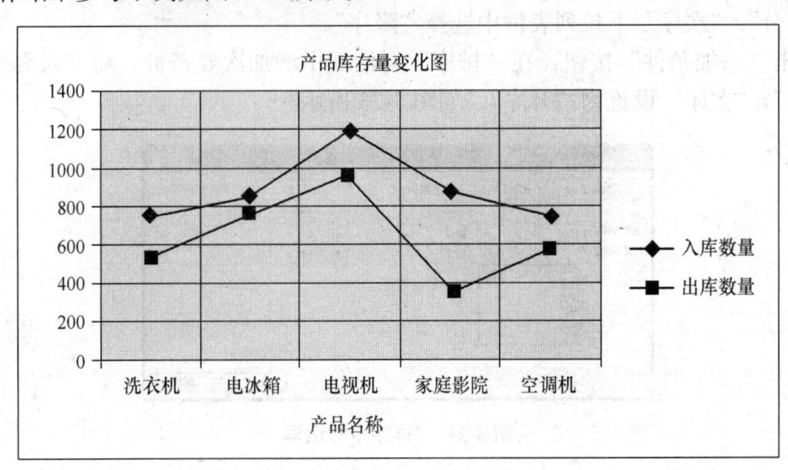

图 3-22　产品库存量变化图

实验三　数据管理

一、实验目的

（1）掌握数据表的排序、筛选方法。

（2）掌握数据的分类汇总方法。

（3）掌握数据透视表的操作方法。

二、实验内容

1．建立和编辑工作表

操作步骤如下。

① 启动 Excel 2010，在空白工作表中输入表 3-4 所示的数据，并以“工作簿 2.xlsx”为文件名保存在指定文件夹中。

表 3-4　　原始数据表

学号	姓名	性别	高数	英语	总分
071020101	周丽江	男	65	70	135
071020102	刘海	男	86	88	174
071020103	陈莉	女	67	78	145
071020105	江涛	男	82	90	172
071020106	郑宏	男	77	68	145
071020107	张小燕	女	53	65	118
071020108	吴红	女	91	92	183

② 将工作表命名为“原始数据”。

2．数据排序

为“原始数据”工作表建立副本工作表，命名为“排序”。按主要关键字——“总分”降序排列，次要关键——“学号”升序排列。

操作步骤如下。

① 选定需要排序的数据列中的任意单元格，或者整个数据区域 A1:F8，单击“数据”选项卡“排序和筛选”选项组中的“排序”按钮，打开对话框；在“主要关键字”下拉列表框中选择“总分”，“次序”下拉列表框中选择“降序”。

② 单击“添加条件”按钮，在“排序”对话框中增加次要条件，将“次要关键字”设置为“学号”，“次序”设置为“升序”，如图 3-23 所示。

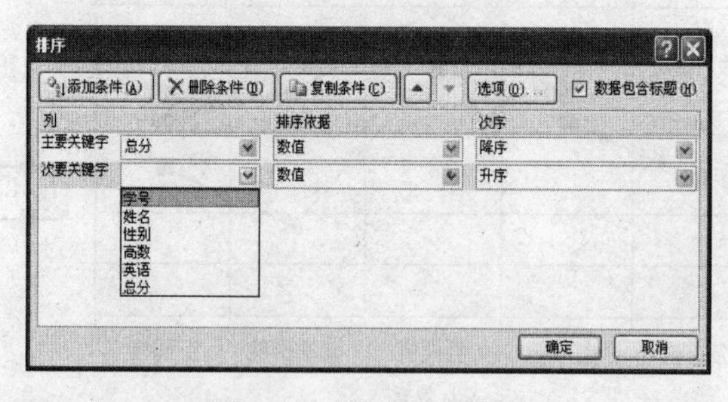

图 3-23　“排序”对话框

③ 排序后的效果如图 3-24 所示。

	A	B	C	D	E	F
1	学号	姓名	性别	高数	英语	总分
2	71020108	吴红	女	91	92	183
3	71020102	刘海	男	86	88	174
4	71020105	江涛	男	82	90	172
5	71020103	陈莉	女	67	78	145
6	71020106	郑宏	男	77	68	145
7	71020101	周丽江	男	65	70	135
8	71020107	张小燕	女	53	65	118

图 3-24　排序后的结果样张

3．自动筛选

筛选出高数成绩在 85 分以上或 60 分以下的女生记录。

操作步骤如下。

① 创建“原始数据”的副本工作表，并重命名新工作表标签为“自动筛选”，将工作表“自动筛选”作为当前工作表。

② 选定需要排序的数据列中的任意单元格，或者整个数据区域 A1:F8，单击“数据”选项卡 “排序和筛选”选项组中的“筛选”按钮，表格中的每一个标题右侧都显示了一个向下箭头。

③ 单击“高数”右侧的向下箭头，在下拉组合框中选择“数字筛选”→“自定义筛选”，打开“自定义自动筛选方式”对话框，在其中输入两个条件，选择“或”逻辑，如图 3-25 所示。

④ 单击“性别”右侧的向下箭头，在下拉组合框勾选“女”。

⑤ 自动筛选后的效果如图 3-26 所示。

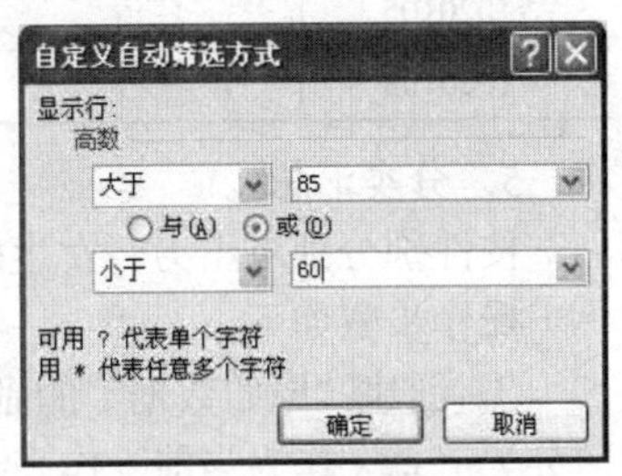

图 3-25 “自定义自动筛选方式”对话框

	A	B	C	D	E	F
1	学号	姓名	性别	高数	英语	总分
2	71020108	吴红	女	91	92	183
8	71020107	张小燕	女	53	65	118

图 3-26 自动筛选后的结果样张

4．高级筛选

为“原始数据”工作表建立副本工作表，命名为“高级筛选”。筛选出高数成绩在 80 分以上或英语成绩在 80 分以上的所有记录，并将筛选结果放到 D12 起始的位置显示。

本题要对两门课程成绩进行筛选，同时将筛选结果放到指定的位置，这时就应该用高级筛选。

操作步骤如下。

① 在数据表下面，设置筛选条件区域，先分别在两个单元格 A10、B10 中输入“高数”和“英语”。

② 在“高数”单元格对应的下一行的单元格中输入条件“>80”。

③ 在“英语”单元格对应的下两行的单元格中输入条件“>80”。注意，因为是“或”的关系，条件不能在一行中输入。如图 3-27 所示。

④ 将光标放在数据表中，单击“数据”选项卡 “排序和筛选”选项组中的“高级”按钮，在打开的对话框中进行设置。如图 3-28 所示。

⑤ 在“方式”中选择“将筛选结果复制到其他位置”，在“列表区域”选定参与筛选的数据区域 A1:F8，在“条件区域”选定筛选条件区域 A10:B12，在“复制到”设置框中设定结果显示的单元格区域 D12，再单击“确定”按钮。

高数	英语
>80	
	>80

图 3-27 高级筛选条件

图 3-28 “高级筛选”对话框

⑥ 高级筛选的结果如表 3-5 所示。

表 3-5　　高级筛选的结果样张

学号	姓名	性别	高数	英语	总分
71020102	刘海	男	86	88	174
71020105	江涛	男	82	90	172
71020108	吴红	女	91	92	183

5．分类汇总

按性别分别求出男、女生的各科平均分，结果保留 1 位小数，并统计男、女生的人数。

操作步骤如下。

① 创建“原始数据”的副本工作表，并重命名新工作表标签为“分类汇总”，将工作表“分类汇总”作为当前工作表。

② 按性别进行排序，男生在前，女生在后。

③ 选定需要排序的数据列中的任意单元格，或者整个数据区域 A1:F8，单击“数据”选项卡“分级显示”选项组中的“分类汇总”按钮，打开“分类汇总”对话框。

④ 在“分类汇总”对话框中设置各选项，“分类字段”选择“性别”，“汇总方式”选择“平均值”，在“选定汇总项”中勾选出“高数”“英语”，如图 3-29 所示。单击“确定”按钮，完成第一次汇总；修改“平均分”为 1 位小数。

⑤ 在原汇总表上打开“分类汇总”对话框，各选项设置如下：“分类字段”选择“性别”，“汇总方式”选择“计数”，在“选定汇总项”中勾选出“性别”，将“替换当前分类汇总”前的勾选去掉。如图 3-30 所示。

⑥ 汇总后的样张如图 3-31 所示。

6．数据透视表

（1）为“原始数据”工作表建立副本工作表，命名为“数据透视表”。按性别统计“高数”“英语”的平均分（结果保留 1 位小数），并将分类字段“性别”置于列。

操作步骤如下。

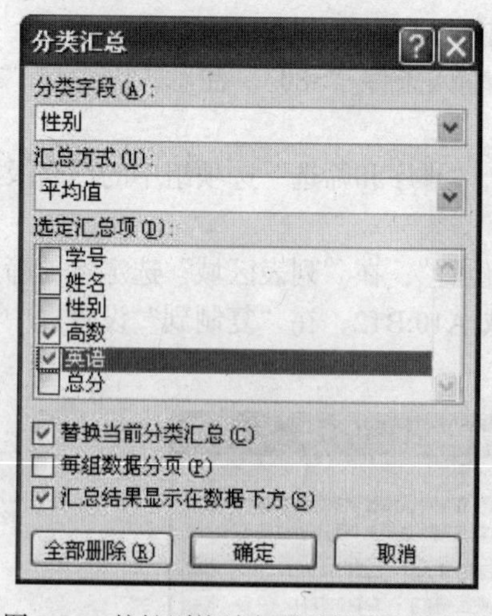

图 3-29　按性别统计各科平均分设置条件

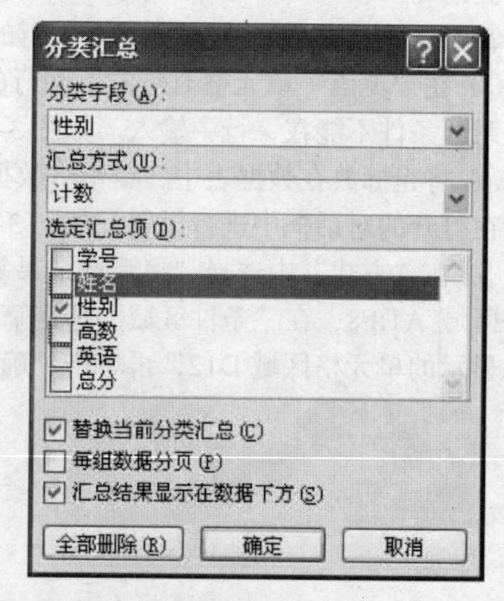

图 3-30　在原汇总表上统计男生、女生人数

	A	B	C	D	E	F
1	学号	姓名	性别	高数	英语	总分
2	71020101	周丽江	男	65	70	135
3	71020102	刘海	男	86	88	174
4	71020105	江涛	男	82	90	172
5	71020106	郑宏	男	77	68	145
6		**男 计数**	4			
7			**男 平均值**	77.5	79.0	
8	71020103	陈莉	女	67	78	145
9	71020107	张小燕	女	53	65	118
10	71020108	吴红	女	91	92	183
11		**女 计数**	3			
12			**女 平均值**	70.3	78.3	
13		**总计数**	8			
14			**总计平均值**	74.4	78.7	

图 3-31　汇总结果

① 单击“数据透视表”工作表中的任一单元格，选择 “插入”选项卡 “表格”组中的“数据透视表”，打开“创建数据透视表”对话框。

② 在“创建数据透视表”对话框中选择要分析数据所在的区域（一般默认），并选择透视表所放的位置，单击“确定”按钮，将显示“数据透视表字段列表”。

③ 根据题目要求，向数据透视表添加字段，如图 3-32 所示；若将默认的求和项变成平均值，可以单击数据旁的下拉列表，选择“值字段设置”，完成修改；修改平均分，保留一位小数。

④ 选择数据透视表，在“数据透视表工具/设计”选项卡的“数据透视表样式”中选择“数据透视表样式浅色 23”。

⑤ 所建数据透视表如图 3-33 所示。

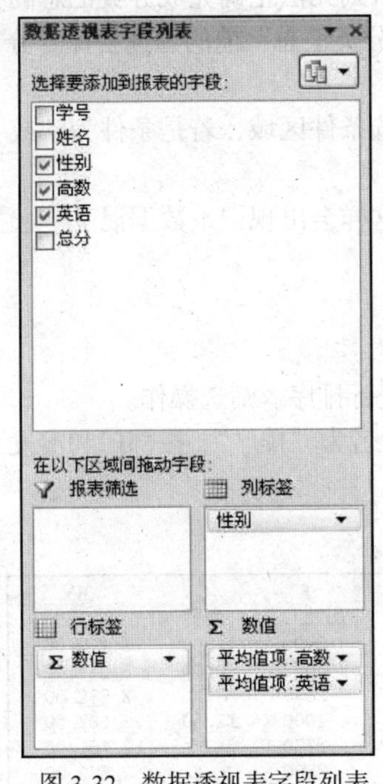

图 3-32　数据透视表字段列表

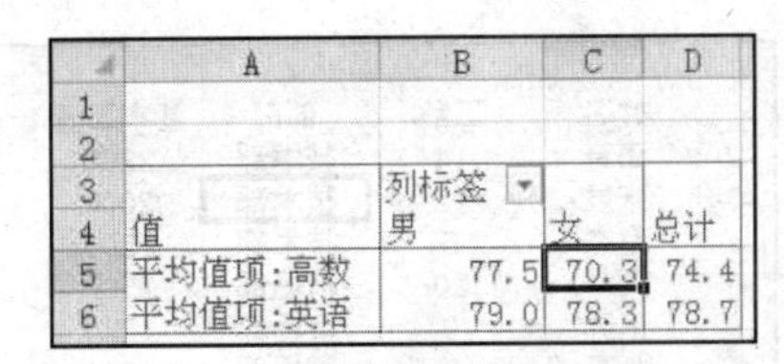

	A	B	C	D
1				
2				
3		列标签		
4	值	男	女	总计
5	平均值项:高数	77.5	70.3	74.4
6	平均值项:英语	79.0	78.3	78.7

图 3-33　数据透视表结果

（2）按性别分别统计英语的平均分、最高分及最低分，并将分类字段“性别”置于行。

根据题目要求，向数据透视表添加字段，如图 3-34 所示；修改数据透视表的样式；以表格方式显示报表布局；所建数据透视表如图 3-35 所示。

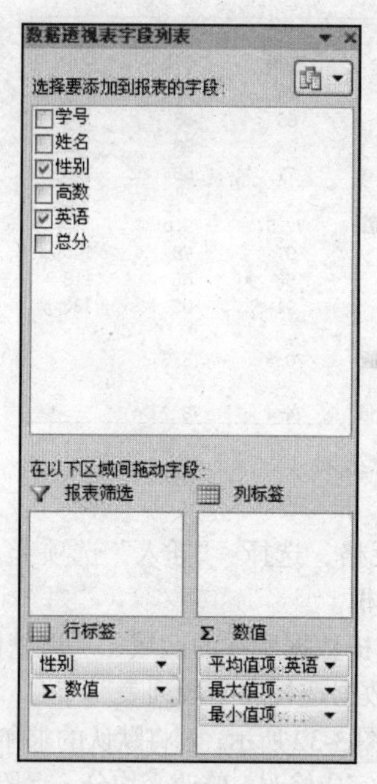

图 3-34　数据透视表字段列表

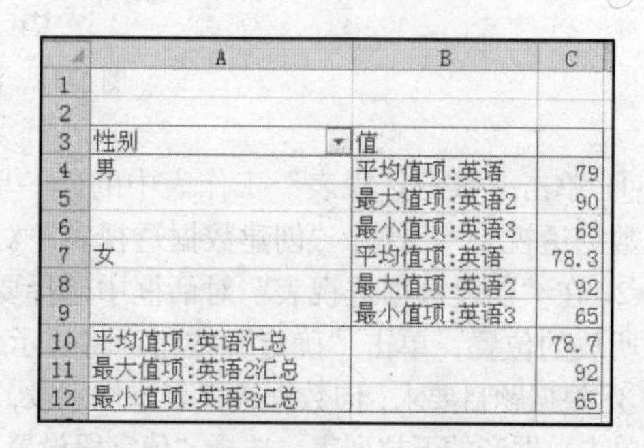

	A	B	C
1			
2			
3	性别	值	
4	男	平均值项:英语	79
5		最大值项:英语2	90
6		最小值项:英语3	68
7	女	平均值项:英语	78.3
8		最大值项:英语2	92
9		最小值项:英语3	65
10	平均值项:英语汇总		78.7
11	最大值项:英语2汇总		92
12	最小值项:英语3汇总		65

图 3-35　数据透视表结果

三、分析总结

① 分类汇总时，必须先按照分类字段排序，否则无法正确完成分类汇总的要求。当需要完成多个分类汇总任务时，一定要将“替换当前分类汇总”前的勾选去掉。分类汇总后的结果也可修改格式。

② 高级筛选时，一定要在数据表外面设置筛选条件区域，若是条件为“或”的关系，条件不能在一行中输入。

③ 千万不要选中部分区域，然后进行排序，这样会出现记录数据混乱。选择数据时，要么选中全部区域，要么选中一个单元格。

四、练习

1．排序、筛选

以表 3-2“职工工资表”所示的数据为基础，进行排序、筛选操作。

① 为“职工工资”工作表建立副本工作表，命名为“排序”。按部门和实发工资由高到低排序。

操作结果参考示例如图 3-36 所示。

	A	B	C	D	E	F	G	H
1	姓名	工龄	部门	基本工资	奖金	应发工资	会费	实发工资
2	田奇	14	技术部	2200	1290	3490	11.00	3,479.00
3	张发	12	技术部	2000	1050	3050	10.00	3,040.00
4	赵杰	5	技术部	1500	890	2390	7.50	2,382.50
5	周辉	20	市场部	2500	1500	4000	12.50	3,987.50
6	王奔	9	市场部	1800	970	2770	9.00	2,761.00
7	张良	7	市场部	1600	980	2580	8.00	2,572.00

图 3-36　按部门和实发工资由高到低排序

② 为“职工工资”工作表建立副本工作表，命名为“自动筛选”。筛选出工龄不满 10 年且实发工资高于 2500 元的职工的记录。

操作结果参考示例如图 3-37 所示。

	A	B	C	D	E	F	G	H
1	姓名	工龄	部门	基本工资	奖金	应发工资	会费	实发工资
2	王奔	9	市场部	1800	970	2770	9.00	2,761.00
6	张良	7	市场部	1600	980	2580	8.00	2,572.00

图 3-37 筛选出工龄不满 10 年且实发工资高于 2500 元的职工的记录

③ 为“职工工资”工作表建立副本工作表，命名为“高级筛选”。筛选出工龄超过 10 年，或者实发工资大于 2500 元的职工的记录。在原有区域显示筛选结果。

操作结果参考示例如图 3-38 所示。

	A	B	C	D	E	F	G	H
1	姓名	工龄	部门	基本工资	奖金	应发工资	会费	实发工资
2	王奔	9	市场部	1800	970	2770	9.00	2,761.00
3	张发	12	技术部	2000	1050	3050	10.00	3,040.00
4	田奇	14	技术部	2200	1290	3490	11.00	3,479.00
6	张良	7	市场部	1600	980	2580	8.00	2,572.00
7	周辉	20	市场部	2500	1500	4000	12.50	3,987.50

图 3-38 筛选出工龄超过 10 年，或者实发工资大于 2500 元的职工的记录

2．统计平均值

建立分类汇总表，按部门分别统计基本工资和奖金的平均值。

为“职工工资”工作表建立副本工作表，命名为“分类汇总”。按部门分别统计基本工资和奖金的平均值，保留两位小数。

操作结果参考示例如图 3-39 所示。

	A	B	C	D	E	F	G	H
1	姓名	工龄	部门	基本工资	奖金	应发工资	会费	实发工资
2	张发	12	技术部	2000	1050	3050	10.00	3,040.00
3	田奇	14	技术部	2200	1290	3490	11.00	3,479.00
4	赵杰	5	技术部	1500	890	2390	7.50	2,382.50
5			**技术部 平均值**	1900.00	1076.67			
6	王奔	9	市场部	1800	970	2770	9.00	2,761.00
7	张良	7	市场部	1600	980	2580	8.00	2,572.00
8	周辉	20	市场部	2500	1500	4000	12.50	3,987.50
9			**市场部 平均值**	1966.67	1150.00			
10			**总计平均值**	1933.33	1113.33			

图 3-39 按部门统计基本工资和奖金的平均值

3．统计平均值、最大值及总和

为“职工工资”工作表建立副本工作表，命名为“数据透视表”。按部门分别统计基本工资平均值（保留两位小数）、奖金最大值和实发工资总和。

操作结果参考示例如图 3-40 所示。

	A	B	C	D
1				
2				
3		部门		
4	值	技术部	市场部	总计
5	平均值项:基本工资	1900	1966.67	1933.33
6	最大值项:奖金	1290	1500	1500
7	求和项:实发工资	8901.5	9320.5	18222

图 3-40 按部门统计结果

实验四 Excel 综合练习

一、工作表的计算与格式化

1. 工作表的计算

将 sheet1 重命名为“职工信息”，利用公式或者函数计算净结余、收入排名、平均收入、最高收入、男职工的收入总计和收入大于 8000 元的人数。

2. 工作表的格式化

① 表格各列宽为 12.5。

② 标题行（第一行）行高为 20，字体为隶书、16 磅、深红色，加下划线，底纹颜色深蓝，文字 2，淡色 80%，合并居中；其他文本仿宋，12 磅。

③ 姓名分散对齐，其他居中对齐。

④ 设置表格框线，内线为单实线，外框线为粗方框线。

⑤ 将出生年月的格式设置为 yyyy-mm-dd；与钱数相关的数字设置为货币型。

⑥ 设置条件格式：最高净结余以红色、粗体显示；小于 8000 元的收入以绿填充色深绿色文本显示。

操作结果参考示例如图 3-41 所示。

	A	B	C	D	E	F	G	H	I
1	职工收入和支出统计								
2	姓　　名		性别	出生年月	收入	伙食费	水电费	其他	净结余	收入排名
3	张　　三		男	1982-04-15	¥8,800.00	¥1,200.00	¥300.00	¥600.00	¥6,700.00	2
4	李　　四		女	1979-06-25	¥7,600.00	¥1,000.00	¥450.00	¥500.00	¥5,650.00	4
5	王　　五		男	1985-01-03	¥9,500.00	¥1,150.00	¥280.00	¥700.00	**¥7,370.00**	1
6	赵　　六		男	1976-08-23	¥8,200.00	¥1,300.00	¥320.00	¥500.00	¥6,080.00	3
7	陈　　七		女	1988-10-10	¥7,300.00	¥1,050.00	¥250.00	¥600.00	¥5,400.00	5
8									
9	平均收入			¥8,280.00					
10	最高收入			¥9,500.00					
11	男职工的收入总计			¥26,500.00					
12	收入大于8000元的人数			3					

图 3-41　工作表的计算与格式化

二、图表的制作

1. 柱形图的制作

① 在“职工信息”工作表中，生成张三、李四和王五 3 人收入和净结余的簇状圆柱图。

② 图例显示在图表下方，形状样式为“彩色轮廓-橙色”，强调颜色 6。

③ 背面墙形状样式为“细微效果-橙色”，强调颜色 6。

④ 标题内容为“收入和净结余”，华文楷体，20 磅，蓝色，加粗。

⑤ 纵坐标最小值为 0，最大值为 10000，单位为 2000。

⑥ 显示净结余的具体数值。

操作结果参考示例如图 3-42 所示。

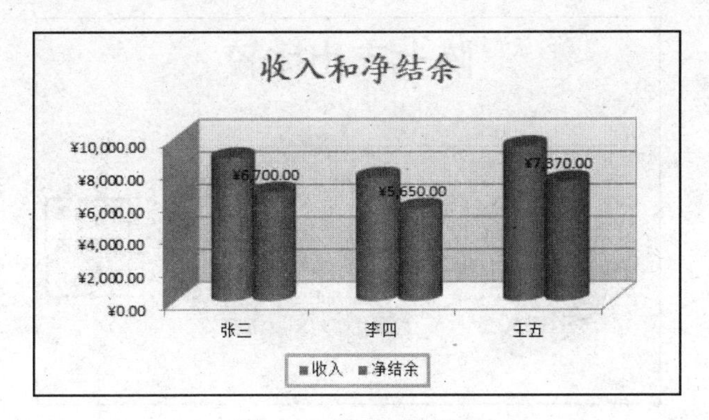

图 3-42　柱形图的制作

2. 面积图的制作

① 在“职工信息”工作表中，生成张三、王五和陈七 3 人的伙食费，水电费和其他的堆积面积图。

② 图表样式为“样式 26”。

③ 图表区形状样式为“细微效果-橄榄色”，强调颜色 3。

④ 图例样式为“彩色轮廓-红色”，强调颜色 2。

⑤ 标题内容为“支出比较”，幼圆，20 磅，加粗。

⑥ 纵坐标最小值为 0，最大值为 3500，单位为 700。

操作结果参考示例如图 3-43 所示。

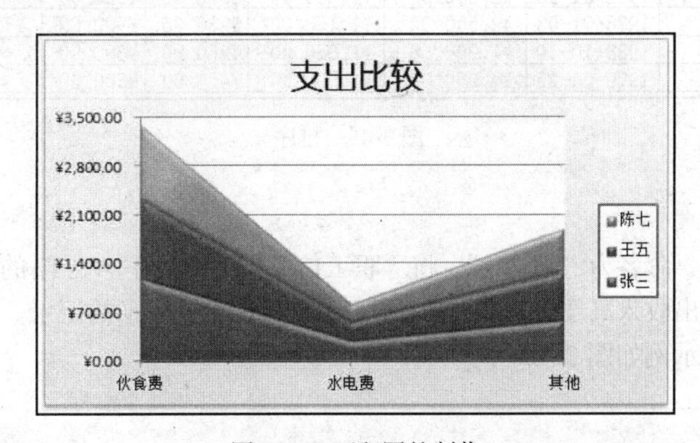

图 3-43　面积图的制作

3. 饼图的制作

① 创建新工作表，命名为“陈七支出比较”。将“职工信息”工作表中的内容复制到新表中。

② 在“陈七支出比较”表中，生成陈七三项支出的分离型三维饼图。

③ 标题内容为“陈七支出比较”，黑体，24 磅，深蓝，加粗。

④ 图表区形状样式为“细微效果-黑色”，深色 1。

⑤ 图例轮廓为 2.25 磅蓝色实线。

⑥ 根据样张在图表中显示数据标签。

操作结果参考示例如图 3-44 所示。

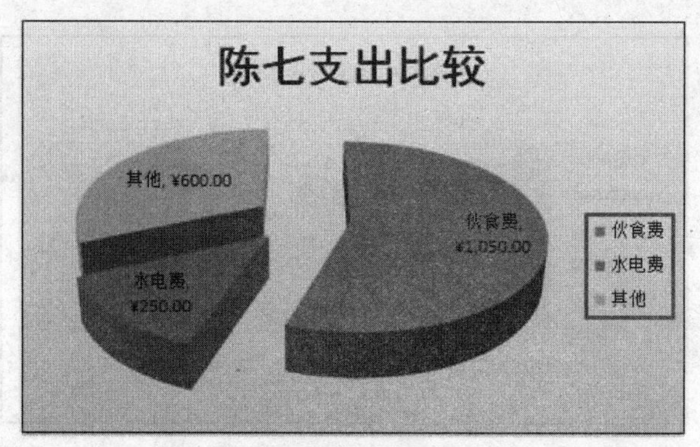

图 3-44　饼图的制作

三、数据管理

1．排序

创建新工作表，命名为“性别和收入排序”。将“职工信息”工作表中 A1∶I7 的内容复制到新表相同位置，然后按照先男后女，收入由低到高进行排序。

操作结果参考示例如图 3-45 所示。

	A	B	C	D	E	F	G	H	I
1	职工收入和支出统计								
2	姓　　名	性别	出生年月	收入	伙食费	水电费	其他	净结余	收入排名
3	赵　　六	男	1976-08-23	¥8,200.00	¥1,300.00	¥320.00	¥500.00	¥6,080.00	3
4	张　　三	男	1982-04-15	¥8,800.00	¥1,200.00	¥300.00	¥600.00	¥6,700.00	2
5	王　　五	男	1985-01-03	¥9,500.00	¥1,150.00	¥280.00	¥700.00	¥7,370.00	1
6	陈　　七	女	1988-10-10	¥7,300.00	¥1,050.00	¥250.00	¥600.00	¥5,400.00	5
7	李　　四	女	1979-06-25	¥7,600.00	¥1,000.00	¥450.00	¥500.00	¥5,650.00	4

图 3-45　排序

2．筛选

创建新工作表，命名为“筛选 1”。将“职工信息”工作表中 A1∶I7 的内容复制到新表相同位置，然后筛选出收入高于 9000 元或者低于 8500 元的男职工的记录。

操作结果参考示例如图 3-46 所示。

	A	B	C	D	E	F	G	H	I
1	职工收入和支出统计								
2	姓	性别	出生年月	收入	伙食费	水电费	其他	净结余	收入排名
5	王　　五	男	1985-01-03	¥9,500.00	¥1,150.00	¥280.00	¥700.00	¥7,370.00	1
6	赵　　六	男	1976-08-23	¥8,200.00	¥1,300.00	¥320.00	¥500.00	¥6,080.00	3

图 3-46　筛选

3．高级筛选

创建新工作表，命名为“筛选 2”。将“职工信息”工作表中 A1∶I7 的内容复制到新表相同位置，然后筛选出性别为女或者净结余大于 7000 的记录，将筛选结果放到 A10 起始的位置显示。

操作结果参考示例如图 3-47 所示。

10	姓　名	性别	出生年月	收入	伙食费	水电费	其他	净结余	收入排名
11	李　四	女	1979-06-25	¥7,600.00	¥1,000.00	¥450.00	¥500.00	¥5,650.00	4
12	王　五	男	1985-01-03	¥9,500.00	¥1,150.00	¥280.00	¥700.00	¥7,370.00	1
13	陈　七	女	1988-10-10	¥7,300.00	¥1,050.00	¥250.00	¥600.00	¥5,400.00	5

图 3-47　高级筛选

4. **分类汇总**

创建新工作表，命名为“收入和净结余汇总”。将“职工信息”工作表中 A2:I7 的数据复制到新表 A1 起始的位置，只保留值和数字格式。按性别统计净结余的平均值（保留两位小数）和收入的最大值。

操作结果参考示例如图 3-48 所示。

	A	B	C	D	E	F	G	H	I
1	姓名	性别	出生年月	收入	伙食费	水电费	其他	净结余	收入排名
2	张三	男	1982-04-15	¥8,800.00	¥1,200.00	¥300.00	¥600.00	¥6,700.00	2
3	王五	男	1985-01-03	¥9,500.00	¥1,150.00	¥280.00	¥700.00	¥7,370.00	1
4	赵六	男	1976-08-23	¥8,200.00	¥1,300.00	¥320.00	¥500.00	¥6,080.00	3
5		**男 平均值**						¥6,716.67	
6		**男 最大值**		¥9,500.00					
7	李四	女	1979-06-25	¥7,600.00	¥1,000.00	¥450.00	¥500.00	¥5,650.00	4
8	陈七	女	1988-10-10	¥7,300.00	¥1,050.00	¥250.00	¥600.00	¥5,400.00	5
9		**女 平均值**						¥5,525.00	
10		**女 最大值**		¥7,600.00					
11		**总计平均值**						¥6,240.00	
12		**总计最大值**		¥9,500.00					

图 3-48　分类汇总

5. **数据透视表**

以“职工信息”工作表的数据为基础，生成数据透视表，按性别分别统计“伙食费”的最大值、“水电费”的最小值和“其他”的平均值（保留两位小数），样式为数据透视表深色 5。生成的数据透视表显示在新工作表中，并将表命名为“支出统计”。

操作结果参考示例如图 3-49 所示。

	列标签		
值	男	女	总计
最大值项:伙食费	1300	1050	1300
最小值项:水电费	280	250	250
平均值项:其他	600.00	550.00	580.00

图 3-49　数据透视表

第 4 章

演示文稿制作

一、实验目的

（1）掌握演示文稿的建立方法和幻灯片的制作及格式化方法。

（2）掌握设置幻灯片的动画效果和切换效果的方法。

（3）掌握设置超链接的方法。

（4）掌握向幻灯片中插入影片和声音的方法。

（5）掌握幻灯片的放映方法。

二、实验内容

（1）根据主题建立空演示文稿。

（2）设置幻灯片母版版式、字体，插入页码、日期。

（3）为幻灯片加入文字、SmartArt 图形和图片。

（4）设置幻灯片的动画效果和切换效果，设置超链接。

（5）为幻灯片添加背景音乐。

（6）设置幻灯片的放映方式。

三、实验步骤

1．创建空白演示文稿

打开 PowerPoint 2010，将功能区切换到“文件”选项卡，单击“新建”按钮，在出现的窗格中选择“主题”，然后选中“气流”，此时右侧的窗格中会出现选中的主题封面，如图 4-1 所示。单击封面下方的“创建”按钮，创建新演示文稿。

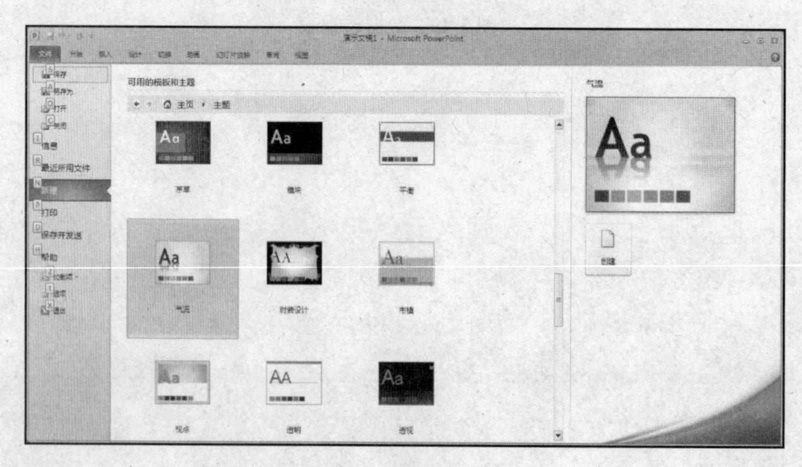

图 4-1　新建演示文稿

2．设置幻灯片母版

① 将功能区切换到“视图”选项卡，单击“母版视图”选项组中的“幻灯片母版”按钮，进入幻灯片母版编辑模式。在左侧窗格中显示了幻灯片母版和支持该母版的各个版式。

② 鼠标单击选中左侧窗格中的第一张幻灯片，即幻灯片母版，然后将功能区切换到“开始”选项卡，选中幻灯片母版下方的“单击此处编辑母版标题样式”文本框，将字体改为隶书，54 号，并且居中对齐，选中上方的“单击此处编辑母版文本样式”文本框，将字体改为华文楷体，加粗。

③ 将功能区切换到“插入”选项卡，在“文本”选项组中单击“页眉和页脚”按钮，弹出“页眉和页脚”对话框，如图 4-2 所示。在 “幻灯片”选项卡中选中“日期和时间”“幻灯片编号”以及“标题幻灯片中不显示”复选框。“日期和时间”设为“自动更新”，语言为“中文（中国）”。单击“全部应用”按钮，关闭对话框。在幻灯片母版中，将“日期和时间”占位符移到幻灯片的左下角，“页码”占位符移到幻灯片的右下角。

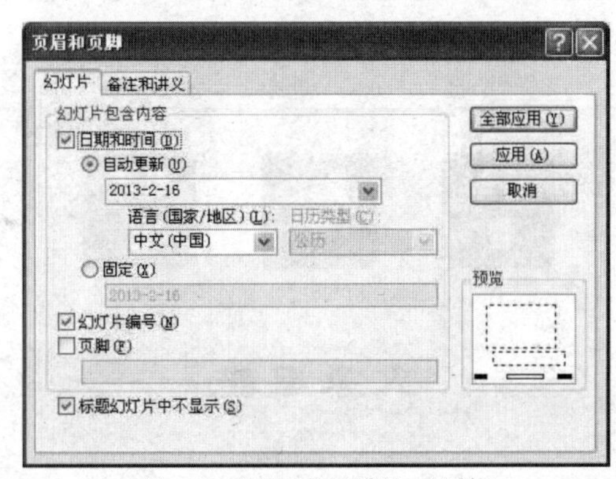

图 4-2 “页眉和页脚”对话框

④ 切换到功能区中的“幻灯片母版”选项卡，单击“关闭母版视图”按钮，完成幻灯片母版的设置，回到幻灯片编辑模式。

3．使用标题幻灯片

此时工作界面中央的幻灯片为标题幻灯片，在标题框中输入“十二星座与希腊神话”。将功能区切换到“开始”选项卡，将标题字体颜色修改为“蓝色，强调文字颜色 1，深色 50%”。

4．添加新幻灯片到演示文稿中并输入文字

① 单击“幻灯片”选项组中的“新建幻灯片”按钮下部，在下拉列表中选择“标题和内容”版式，添加新幻灯片。

② 在标题框中输入文字“火象星座”。

③ 在内容框中输入 3 段文字，第 1 段为“白羊座”，第 2 段为“狮子座”，第 3 段为“射手座”。

5．将内容框的文字转化为 SmartArt 图形

① 单击内容框的边框线，在“段落”选项组中单击“转换为 SmartArt”按钮，在下拉框中选择“其他 SmartArt 图形”，弹出如图 4-3 所示的“选择 SmartArt 图形”对话框。在对话框左侧类型列表中选择“流程”，在中间的列表中选择“图片重点流程”，单击“确定”按钮，结果如图 4-4 所示。

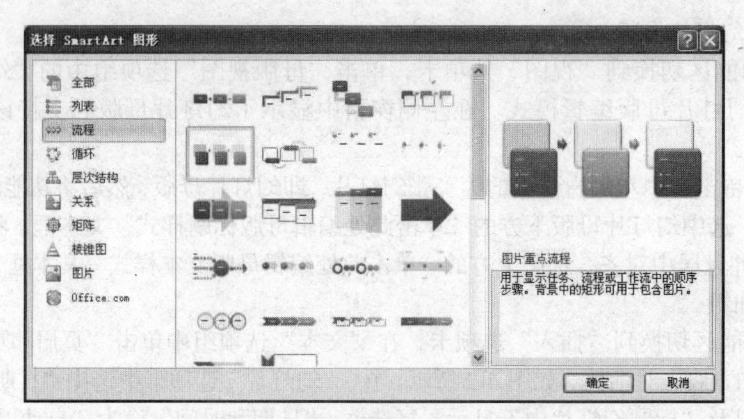

图 4-3 “选择 SmartArt 图形”对话框

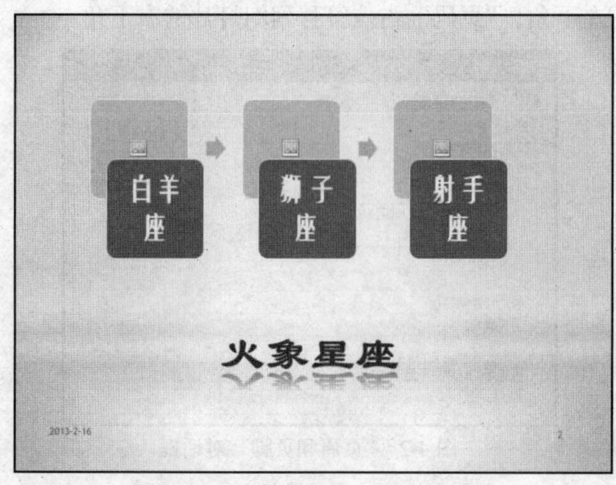

图 4-4 文本转换后的 SmartArt 图形

② 单击流程图背景框内的图片图标，弹出“插入图片”对话框，浏览选中图片“白羊座 1.jpg”。使用相同方法为余下流程图添加背景图片“狮子座 1.jpg”和“射手座 1.jpg”，完成后的效果如图 4-5 所示。

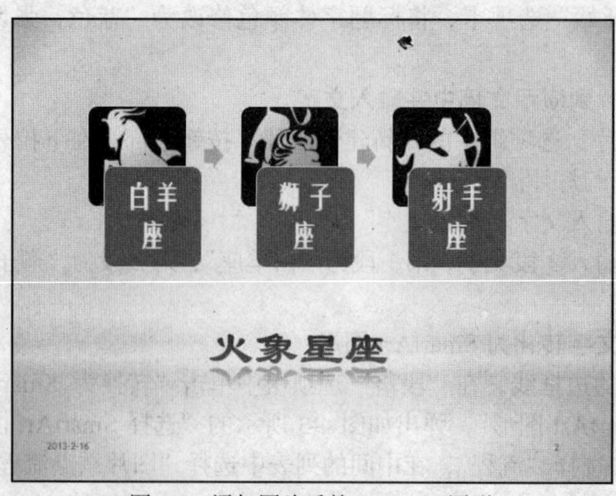

图 4-5 添加图片后的 SmartArt 图形

③ 单击 SmartArt 图形的边框，将功能区切换到“SmartArt 工具”的“设计”选项卡，如图 4-6 所示。单击展开“SmartArt 样式”选项组中的样式框，在下拉框中选择“三维”样式中的“平面场景”。

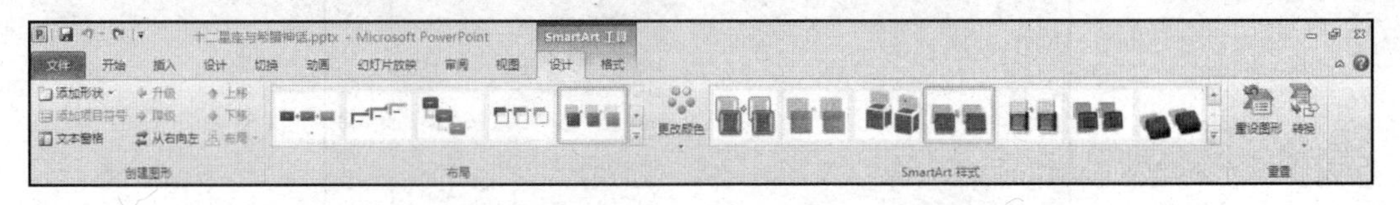

图 4-6 “SmartArt 工具”的“设计”选项卡

④ 单击流程图形间的灰蓝色箭头，将功能区切换到“开始”选项卡，单击“绘图”选项组中的“形状填充”按钮，选择“无填充颜色”；单击“形状轮廓”按钮，选择“无轮廓”，箭头变为不可见。重复相同操作，让另一个箭头也不可见。

⑤ 适当调整图形的位置和大小，完成后的效果如图 4-7 所示。

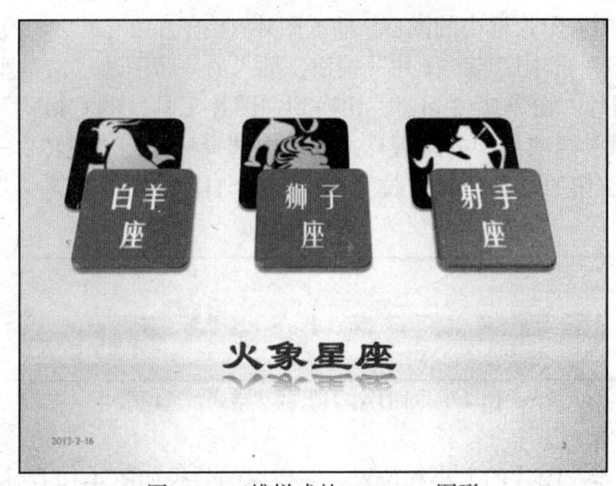

图 4-7 三维样式的 SmartArt 图形

6．为 SmartArt 图形设置动画效果

① 单击选中 SmartArt 图形，将功能区切换到“动画”选项卡，单击展开“动画”选项组中的样式框，在下拉框中单击“更多进入效果”选项，在弹出的“更多进入效果”对话框中选择“温和型”→“翻转式由远及近”。

② 单击“动画”选项组中的“效果选项”按钮，选择“逐个”选项。

③ 在“计时”选项组中，设置“开始：上一动画之后”，“持续时间：01.50”。

7．添加新幻灯片

添加新幻灯片，版式为“图片与标题”，如图 4-8 所示。

① 输入文本。在标题框中输入文字“白羊座”，在内容框中输入下面一段文字。

特亚里亚国王阿塔玛斯和王妃涅佩拉结婚，生了一对双胞胎。但后来国王将涅佩拉赶出宫，迎立特贝的公主依诺娃为王妃。当依诺娃有了自己的孩子后，要杀死前王妃所留下的双胞胎。涅佩拉知道后向宙斯求救，于是宙斯就派天上的黄金牡羊去载这对兄妹至天空彼方。因速度太快，妹妹跌落大海，白羊就一边看着妹妹，一边守护着哥哥，形成了现今的白羊座。

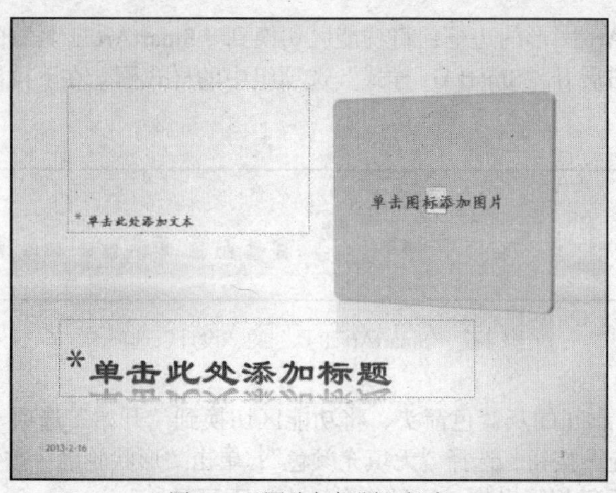

图 4-8 “图片与标题”版式

② 插入图片。单击图片框中的图标，插入图片“白羊座 2.jpg”，切换到功能区的“插入”选项卡，单击“图像”选项区的“图片”按钮，插入另一张图片“白羊座 3.jpg”。

③ 单击选中图片“白羊座 3.jpg”，切换到“图片工具”的“格式”选项卡，如图 4-9 所示。在“图片样式”选项组中的外观样式列表中选择样式为“旋转，白色”。单击“大小”选项组中“裁剪”按钮的下部，在下拉菜单中选择“裁剪为形状”→“矩形”→“单圆角矩形”。

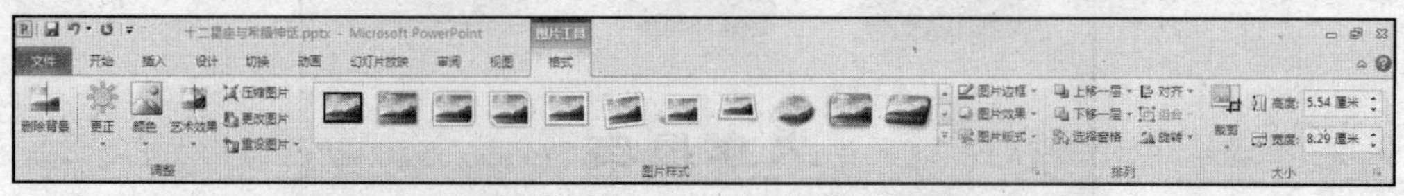

图 4-9 “图片工具”的“格式”选项卡

④ 适当调整文本、图片的大小和位置，完成后的效果如图 4-10 所示。

图 4-10 幻灯片“白羊座”

⑤ 为图片和文本添加适当的动画。

⑥ 按照以上步骤，制作幻灯片“狮子座”和“射手座”，效果参考图 4-11 和图 4-12。

图 4-11　幻灯片“狮子座”

图 4-12　幻灯片“射手座”

8．设置目录超链接

在指定位置插入目录幻灯片并设置目录超链接。

① 在工作界面左侧的“大纲/幻灯片”窗格中，单击幻灯片 1 和幻灯片 2 之间的空隙，出现闪烁的黑色线条。切换到功能区中的“开始”选项卡，单击“幻灯片”选项组中的“新建幻灯片”按钮下部，在下拉列表中选择“垂直排列标题与文本”版式。

② 在标题框中输入文字“目录”。在内容框中输入 4 段文字，第 1 段为“火象星座”，第 2 段为“水象星座”，第 3 段为“土象星座”，第 4 段为“风象星座”。

③ 将内容框转换为 SmartArt 图形，布局类型为“列表”，样式为“垂直曲型列表”，如图 4-13 所示。

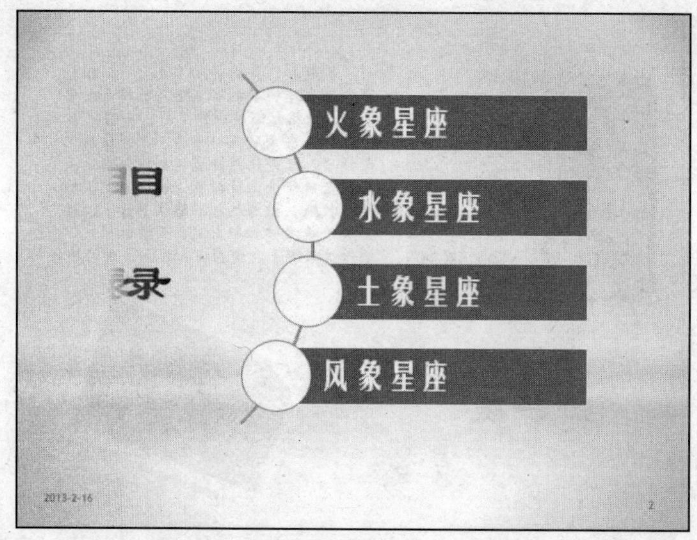

图 4-13　文本转换后的 SmartArt 图形目录

④ 单击第一行列表前的白色圆圈，在“绘图”选项组中的“形状填充”中选择“图片”，插入图片“火.jpg”，作为圆圈的背景。使用相同的方法为第 2 行列表前的白色圆圈插入图片“水.jpg”，为第 3 行列表前的白色圆圈插入图片“土.jpg”，为第 4 行列表前的白色圆圈插入图片“风.jpg”，如图 4-14 所示。

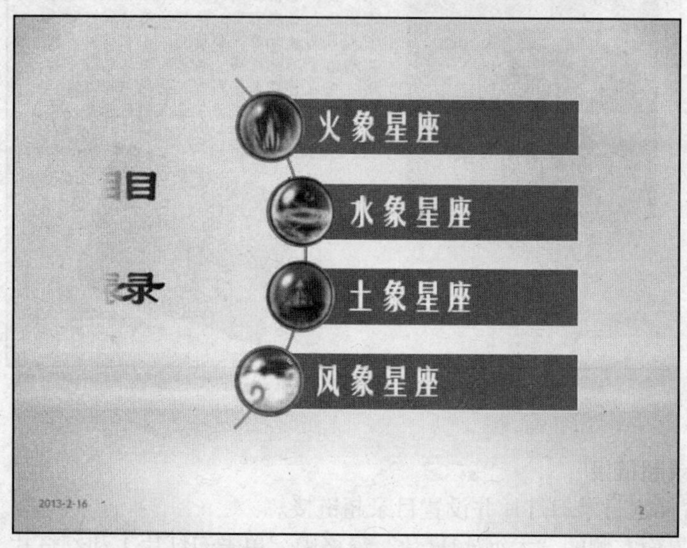

图 4-14　添加图片后的 SmartArt 图形目录

⑤ 单击 SmartArt 图形边框，将功能区切换到“SmartArt 工具”的“设计”选项卡，单击“SmartArt 样式”选项组中的“更改颜色”按钮，选中“强调文字颜色 1”→“透明渐变范围”；展开 SmartArt 样式框，在下拉框中选择“三维”→“鸟瞰场景”。

⑥ 适当调整文本、SmartArt 图形的大小和位置，完成后的效果如图 4-15 所示。

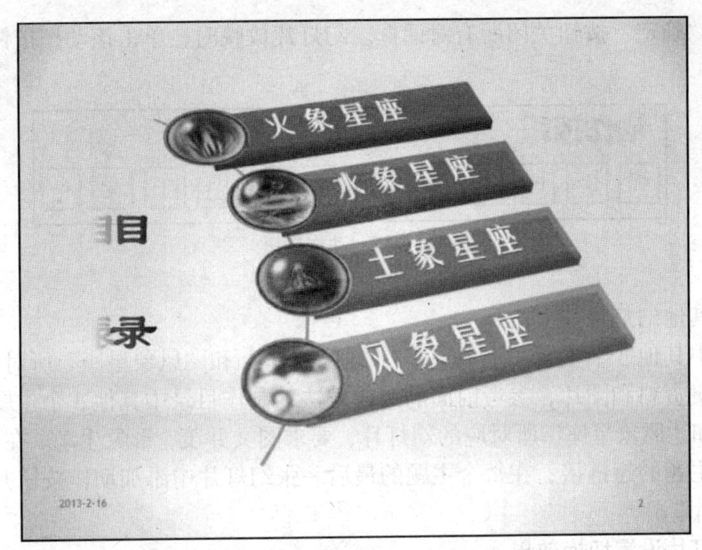

图 4-15 三维样式的 SmartArt 图形目录

⑦ 为 SmartArt 图形设置动画，在“动画”选项组中选择进入效果为“浮入”；单击“效果选项”按钮，选择“逐个”选项；在“计时”选项组中，设置“开始：上一动画之后”。

⑧ 创建目录超链接。鼠标右键单击第一行列表的圆形图标，在快捷菜单中单击“超链接”命令，弹出“插入超链接”对话框。单击对话框左侧“链接到”列表框中的“本文档中的位置”，在中间的窗格中选中“3.火象星座”，如图 4-16 所示。然后单击“确定”按钮。完成后，在幻灯片放映时单击圆形图标就会跳转至目标幻灯片。

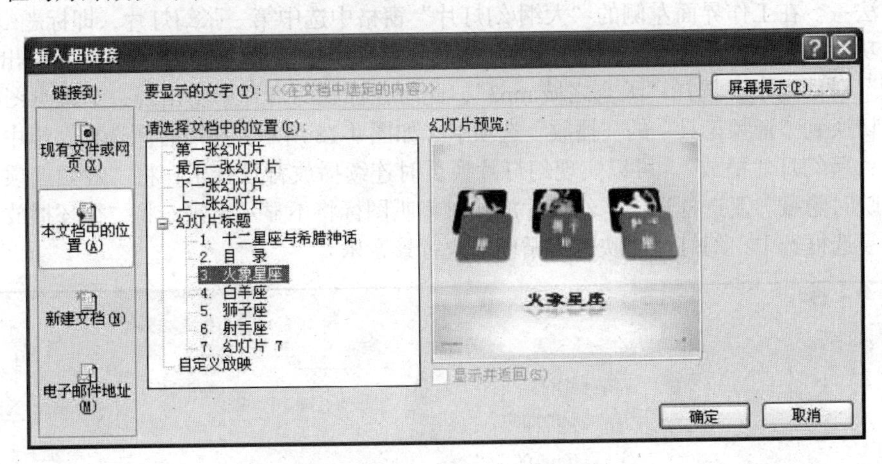

图 4-16 “插入超链接”对话框

9. 设置“火象星座”超链接

为目录中“火象星座”对应的最后一张幻灯片添加超链接返回目录幻灯片。

选中“射手座”幻灯片，将功能区切换到“插入”选项卡，在“插图”选项组中单击“形状”命令按钮，在下拉列表中将会看到如图 4-17 所示的动作按钮，选择一个合适的按钮添加到幻灯片中，会自动弹出“动作设置”对话框，然后选中“超链接到”单选按钮，在其下拉列表框中选择“幻灯片...”，将会弹出“超链接到幻灯片”对话框，在列表中选择“2.目录”。

最后依次单击“确定”按钮关闭所有对话框。幻灯片放映时，单击该动作按钮，将会返回到目录幻灯片。

图 4-17　动作按钮

10．制作其他幻灯片

制作目录中其他 3 个主题“水象星座”“土象星座”和“风象星座”所对应的幻灯片。

请自行收集资料和图片，参考前面的制作方法，制作目录中其他 3 个主题“水象星座”“土象星座”和“风象星座”所对应的幻灯片，要求图文并茂，形象生动。在目录幻灯片中，创建访问每个主题的超链接；在每个主题的最后一张幻灯片中添加动作按钮并设置超链接返回到目录幻灯片。

11．为幻灯片设置切换效果

任意选择一张幻灯片，将功能区切换到“切换”选项卡，在“切换到此幻灯片”选项组中选择切换效果，单击右侧的“效果选项”可对切换效果进一步细化。在“计时”选项组中设置换片方式，对于有超链接的幻灯片可以将“单击鼠标时”复选框选中，设置为单击鼠标时换片；其他幻灯片可以考虑设置为自动换片，将“设置自动换片时间”复选框选中并设置合适的时间，这样幻灯片放映时无须单击鼠标就可以按照设定的时间自动切换到下一张幻灯片。

12．为幻灯片添加背景音乐

可以使用以下两种方法为幻灯片添加背景音乐。

方法一。在工作界面左侧的“大纲/幻灯片”窗格中选中第一张幻灯片，即标题幻灯片，然后将功能区切换到“插入”选项卡，在“媒体”选项组中单击“音频”按钮，在弹出的“插入音频”对话框中，选择“天空之城.mp3”，此时在标题幻灯片中将出现一个喇叭图标。将功能区切换到“音频工具”的“播放”选项卡，如图 4-18 所示。在“音频选项”组中，设置“开始：跨幻灯片播放”，可以实现幻灯片换页时连续播放背景音乐；将“音频选项”组中的“放映时隐藏”复选框选中，幻灯片放映时喇叭图标将不显示出来；将“循环播放，直到停止”复选框选中，幻灯片放映时将循环播放背景音乐。

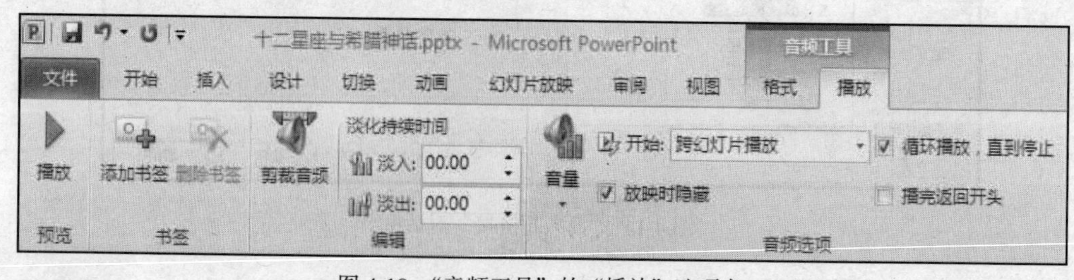

图 4-18　“音频工具”的“播放”选项卡

方法二。在工作界面左侧的“大纲/幻灯片”窗格中选中第一张幻灯片，即标题幻灯片，然后将功能区切换到“切换”选项卡，在“计时”选项组中，单击“声音”下拉按钮，在下拉列表中选择“其他声音”，在弹出的“添加音频”对话框中选择“天空之城.wav”，单击“确定”按钮。添加成功后，再勾选“声音”下拉菜单中的“播放下一段声音之前一直循环”。需要注意的是，通过该方法添加的音频文件只能是.wav 格式的音频文件。

13．幻灯片的放映

切换功能区到“幻灯片放映”选项卡，单击“从头开始放映”按钮，放映幻灯片。

14．保存文件

在左上角的快速访问工具栏中，单击“保存”命令，输入文件名“十二星座与希腊神话”。

四、分析总结

对于初学者来说，制作演示文稿时要注意以下几个方面。

1．注意条理性

使用 PowerPoint 制作演示文稿的目的，是将要阐述的问题以提纲挈领的方法表达出来，让观众一目了然。如果仅是将一篇文章分成若干片段，平铺直叙地表现出来，则显得乏味，难以提起观众的兴趣。一个好的演示文稿应紧紧围绕所要表达的中心思想，划分不同的层次段落，编辑文档的目录结构。同时，为了加深印象和理解，这个目录结构应在演示文稿中“不厌其烦”地出现，即在 PowerPoint 文档的开始要全面阐述，以告知本文要讲解的几个要点；在每个不同的内容段之间也要出现，并对下文即将要阐述的段落标题给予显著标志，以告知观众现在要转移话题了。

2．自然胜过花哨

在设计演示文稿时，很多人为了使之精彩纷呈，常常煞费苦心地在演示文稿上大做文章，例如，添加艺术字、变换颜色、穿插五花八门的动画效果等。这样的演示看似精彩，其实往往弄巧成拙，因为样式过多会分散观众的注意力，不好把握内容重点，难以达到预期的演示效果。好的 PowerPoint 文稿要做到淳朴自然，简洁一致，文字清晰，最为重要的是文章的主题与演示的目的协调配合。如果演讲内容是随着演讲者演讲的进度出现的，穿插动画可以起到从局部展现到全部的效果，提高观众的兴趣，否则会显得凌乱。

3．使用技巧实现特殊效果

为了阐明一个问题，我们经常使用一些图示以及特殊动画效果，但是在 PowerPoint 的动画中有时也难以满足要求。比如采用闪烁效果说明一段文字时，在演示中是一闪而过，观众根本无法看清，为了达到闪烁不停的效果，还需要借助一定的技巧，组合使用动画效果才能实现。还有一种情况，如果需要在 PowerPoint 中引用其他文档资料、图片、表格或从某点展开演讲，可以使用超链接。但在使用时一定要注意“有去有回”，设置好返回链接，必要时可以使用自定义放映，否则在演示中可能会出现到了引用处，却回不了原引用点的尴尬。

五、练习

从下面的选题中任意选择一个制作演示文稿。

（1）我的大学生活

（2）我最喜爱的节日

（3）我的家乡

（4）难忘的旅行

（5）我的成长之路

要求如下：

① 幻灯片不能少于 10 张。

② 选择适当的主题或背景对演示文稿进行设置。

③ 第 1 张幻灯片是“标题幻灯片”，其中副标题的内容是本人信息，包括姓名、专业、班级、学号。

④ 在第 2 张幻灯片中使用适当的文字和图片进行自我介绍。

⑤ 其他幻灯片中要包含与题目相关的文字、图片或艺术字，并且对这些对象设置动画效果，要求至少使用 3 种。

⑥ 除“标题幻灯片”外，每张幻灯片上都要显示页码。

⑦ 为每张幻灯片设置切换效果，要求至少使用 3 种。

⑧ 要求使用超链接，顺利地进行幻灯片跳转。

⑨ 幻灯片放映时要有背景音乐。

⑩ 要求条理清晰，重点突出，文字清晰，形象生动。

第 5 章

Flash 动画制作

实验一　Flash 绘图基础

一、实验目的

（1）掌握 Flash 绘图工具的基本使用方法。

（2）掌握图形颜色的填充，渐变色的使用方法。

（3）掌握属性面板的使用方法。

（4）掌握图层的基本使用方法。

（5）掌握元件的制作方法和库的使用方法。

（6）掌握文档属性的设置方法。

二、实验内容

1．绘制十字图形

（1）操作步骤

① 选择“文件”→“新建”菜单命令或按组合键 Ctrl+N，创建一个新的 Flash 文件。

② 单击工具箱中的“笔触颜色”按钮。

③ 在弹出的“颜色选择器”中选择颜色为“无颜色”，如图 5-1 所示。

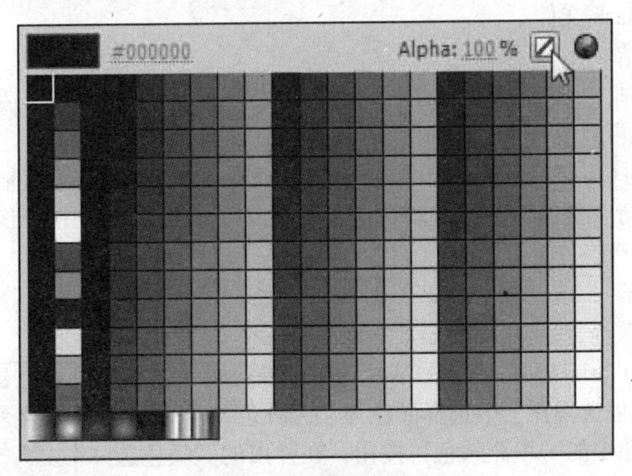

图 5-1　颜色选择器

④ 单击工具箱中的“填充颜色”按钮。

⑤ 在弹出的“颜色选择器”中选择红色“FF0000”，如图 5-2 所示。

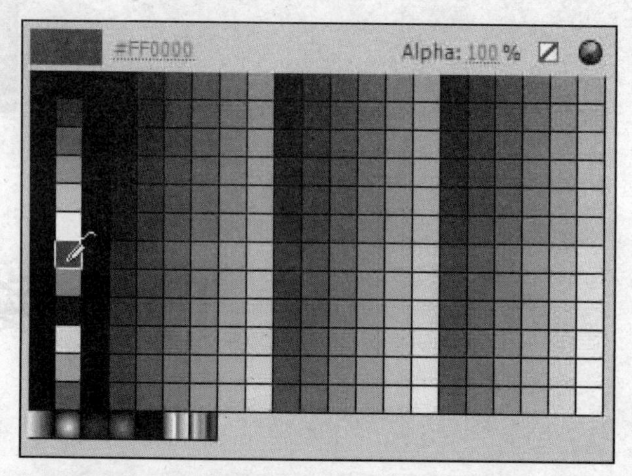

图 5-2　选择红色

⑥ 单击工具箱中的“矩形工具”按钮，这时工具箱下方会出现“对象绘制”按钮。

⑦ 如果“对象绘制”按钮没有被选中，单击选中它，开启“对象绘制模式”。默认的“没选中状态”为“合并绘制模式”。

⑧ 在舞台上按下鼠标左键并拖动鼠标指针，位置合适后，释放鼠标左键，绘制出填充色为红色、描边为无色的矩形。

⑨ 此时矩形处于选中状态，执行“编辑”→“复制”菜单命令或按组合键 Ctrl+C，复制矩形。

⑩ 执行“编辑”→“粘贴到当前位置”菜单命令或按组合键 Ctrl+Shift+V。

⑪ 单击工具箱中的“任意变形工具”按钮。

⑫ 将鼠标指针移动到矩形的右上角外围，如图 5-3 所示。

⑬ 按住 Shift 键的同时按住鼠标左键向左下方拖动，顺时针旋转 90°，释放鼠标左键。

⑭ 执行“文件”→“保存”菜单命令或按组合键 Ctrl+S，保存绘制完毕的 Flash 文件。

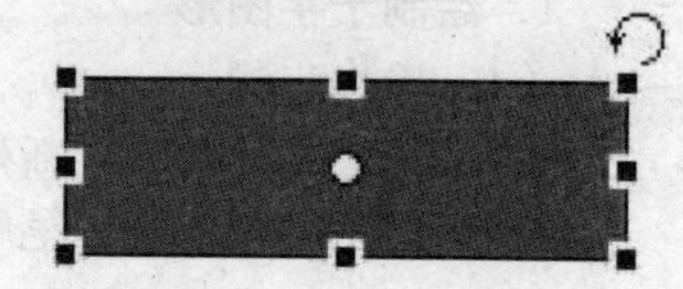
图 5-3　图形旋转

（2）分析总结

① 绘制图形时，可以先设置“填充颜色”和“笔触颜色”，再选择适当的“绘图工具”，在舞台中画图；也可以反过来，先选择“绘图工具”，再设置颜色。

② 设置颜色时可以在“颜色选择器”中选择合适的颜色，也可以直接输入颜色的 RGB 值。

③ 对图形进行“复制”和“旋转”等编辑操作时，必须先选中图形，否则，计算机不知道对哪个对象进行操作。

2．双人自行车

（1）操作步骤

① 新建一个 Flash 文件。单击工具箱中的“笔触颜色”按钮，在弹出的“颜色选择器”中选择颜色为“无颜色”。

② 单击工具箱中的“填充颜色”按钮，在弹出的“颜色选择器”中选择蓝色“0000FF”颜色样式。

③ 单击工具箱中“矩形工具”按钮，在弹出的工具选项中单击“基本矩形工具”按钮，如图 5-4 所示。如果不出现再按一次。

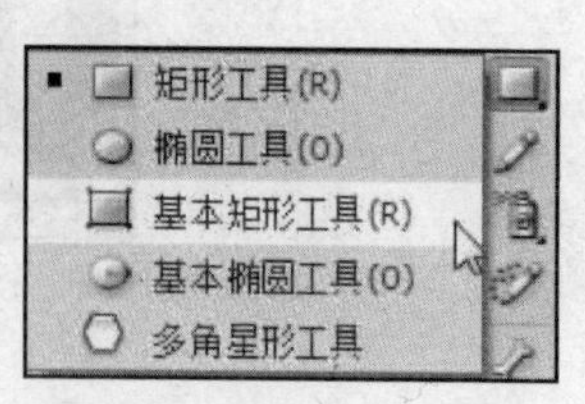

图 5-4　选择基本矩形工具

④ 在舞台中按住鼠标左键并拖动鼠标指针绘制矩形。

⑤ 在“属性”面板的“位置和大小”选项区域单击“锁链”图标，解开高度和宽度的等比关系。设置“宽度”为40，“高度”为80，在“矩形选项”区域下设置“矩形边角半径”为20，如图5-5所示。

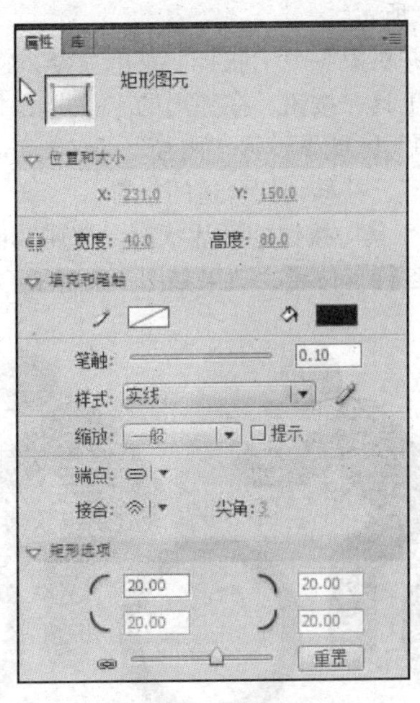

图5-5　属性面板

⑥ 单击工具箱中的“任意变形工具”按钮，旋转圆角矩形，作为“骑车人”的身体，如图5-6（a）所示。

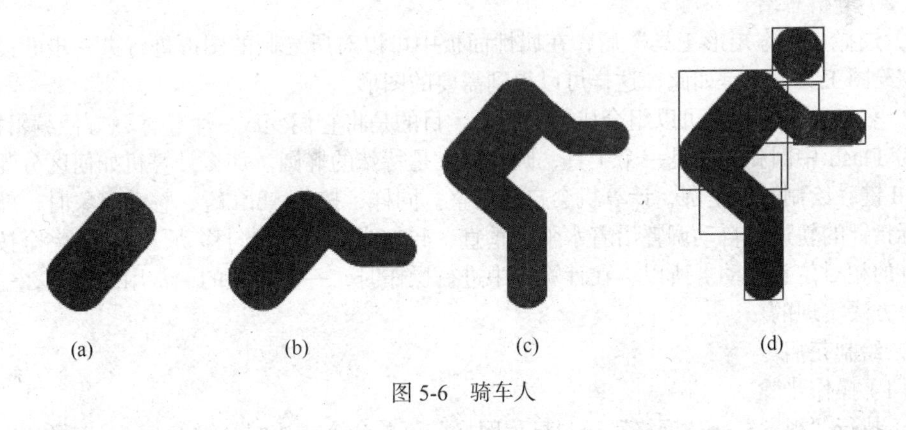

图5-6　骑车人

⑦ 用同样的方法在舞台的空白处再画一个“宽度”为45、“高度”为20的圆角矩形。

⑧ 单击工具箱中的“选择工具”按钮，移动鼠标指针到刚画的圆角矩形上，当鼠标指针变成时，按住Alt键的同时按住鼠标左键不放，向右拖动至合适位置释放鼠标，完成图形的复制。

⑨ 旋转一个圆角矩形至合适的角度，并将这两个圆角矩形移动到合适的位置，效果如图5-6（b）所示。

⑩ 采用同样的方法再画两个“宽度”为20、“高度”为60的圆角矩形，效果如图5-6

（c）所示。

⑪ 单击工具箱中“矩形工具”按钮，在弹出的工具选项中单击“椭圆工具”按钮。按住 Shift 键，在舞台中画一个大小合适的正圆作为人物的“头”。

⑫ 按 V 键切换到“选择工具”按钮的激活状态，拖动“头”到合适的位置。框选绘制完的所有图形，如图 5-6（d）所示。

⑬ 执行“修改”→“合并对象”→“联合”菜单命令，将选中的对象合并为一个对象。

⑭ 单击工具箱中“矩形工具”按钮，在弹出的工具选项中单击“基本椭圆工具”按钮。在“属性”面板的“椭圆选项”区域下设置“内径”为 80。按住 Shift 键，在舞台中画一个大小合适的正圆作为“自行车”，并移动到合适的位置。

⑮ 按 V 键切换到“选择工具”按钮的激活状态，按住 Shift+Alt 组合键复制人物和自行车，按住 Shift 键调整人物和自行车位置，效果如图 5-7 所示。

图 5-7 双人自行车

（2）分析总结

① 选择“基本矩形工具”后，在属性面板中可以对所绘制的图形进行进一步的设置，其他“绘图工具”也是如此，这样可以得到需要的图形。

② 多个单个的图形可以组合成一个图形，目的是将它们变成一个整体，方便编辑操作。

③ Flash 中圆和椭圆是一个工具，圆实际上是特殊的椭圆。那么计算机如何区分呢？按住 Shift 键，绘制时就是圆，计算机会自动调整。同样，按住 Shift 键，移动对象时，就会根据鼠标指针的轨迹，自动调整沿着水平、垂直、45° 或 135° 方向移动，否则会完全按照鼠标指针的相对位置移动。所以，在计算机中进行操作时，一些合理的、常用的要求，一定是有简单方法实现的。

3．绘制花瓶

（1）操作步骤

① 执行“视图”→“网格”→“显示网格”菜单命令或按组合键 Ctrl+’，在舞台中显示或隐藏网格线。单击工具箱中的“笔触颜色”按钮，在弹出的“颜色选择器”中选择红色“FF0000”颜色样式。

② 单击工具箱的“线条工具”按钮，如果“对象绘制”按钮被选中，单击取消选中，开启“合并绘制模式”。

③ 按住 Shift 键，在舞台中画 4 条直线，效果如图 5-8 所示。

④ 按 V 键切换到“选择工具”按钮的激活状态，移动鼠标指针到左边竖线的上端，当鼠标指针变成时，拖动鼠标指针向内倾斜；单击工具箱中的“部分选取工具”按钮，

移动鼠标指针到右边竖线的上端，当鼠标指针变成 时，拖动鼠标指针向内倾斜，效果如图 5-9 所示。

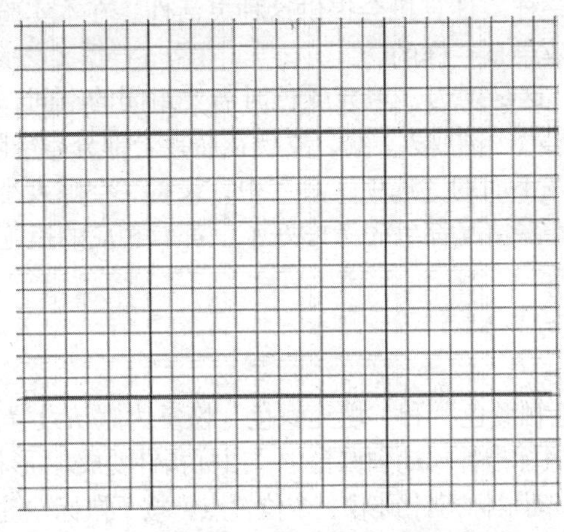

图 5-8 画 4 条直线

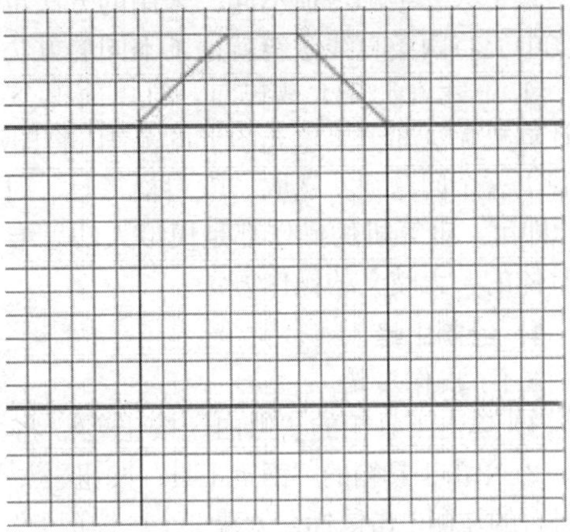

图 5-9 倾斜两条直线

⑤ 按 V 键切换到“选择工具”按钮的激活状态，分别移动鼠标指针到两条分成 3 段的竖向直线，当鼠标指针变成 时，拖动鼠标指针拉成所希望的曲线，效果如图 5-10 所示。

⑥ 选中水平线段，按 Delete 键删除两条水平线。

⑦ 单击工具箱的“线条工具”按钮，绘制两条直线，分别连接瓶口和瓶底端点，完成花瓶的外形绘制。

⑧ 单击工具箱中的“颜料桶工具”按钮 。单击工具箱中的“填充颜色”按钮，在弹出的“颜色选择器”中选择蓝色“0000FF”，移动鼠标指针到花瓶中单击填充颜色。

⑨ 按 Ctrl+'组合键隐藏网格线，按 V 键切换到“选择工具”按钮的激活状态，选中花瓶的红色外框线，按 Delete 键删除，最后效果如图 5-11 所示。

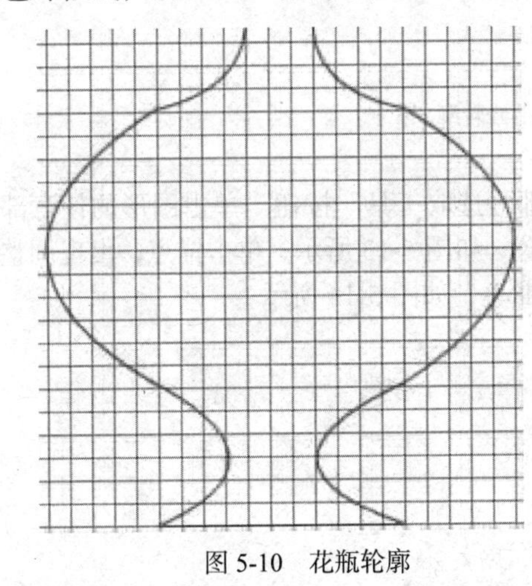

图 5-10 花瓶轮廓

图 5-11 花瓶

（2）分析总结

①“显示网格”是为了更加精确地绘制图形，像 Word 和 Excel 等许多软件都有类似的功能。

②“合并绘制模式”会使多个图形重复的部分合并为一个，使一个“对象”分离成两个，

从而进行一些特殊的操作。

③ 在计算机中，完成某项任务有许多操作方法，就像做数学题时，有多种解题方法一样。每个人思维和习惯不同，采用的方法也不一样。计算机会提供这种灵活性。在本实验步骤④中，将两条直线倾斜就用了不同的方法，效果是一样的。

④ 在给花瓶填充颜色时，有可能填不上。这是因为，填充颜色时需要封闭的空间，否则计算机无法知道要填充图形的范围。将图形显示比例放大，就会发现花瓶接合部分有空隙。何解决这个问题呢？选取“颜料桶工具”时，在下面的“选项工具”中，设置“空隙大小”即可。计算机的操作都是模拟人的思维，许多情况都事先考虑好了，都有相应的措施，即具体的、无歧义的操作方法。

4．绘制山峰

（1）操作步骤

① 单击工具箱的“黑白”按钮，将“笔触颜色”和“填充颜色”恢复为默认设置。

② 单击工具箱的“钢笔工具”按钮，将鼠标指针移动到舞台中，鼠标指针变成形状。在舞台的左侧单击鼠标，创建一个“锚记点”，移动鼠标指针到第2个位置点，按下鼠标左键并拖动鼠标指针，产生调整方向线。觉得产生的曲线合适后，释放鼠标左键，形成一段曲线。

③ 再移动鼠标指针到下一个点，重复刚才的操作过程，完成各段曲线的绘制。最后回到第一个“锚记点”，形成封闭曲线图形，如图5-12所示。

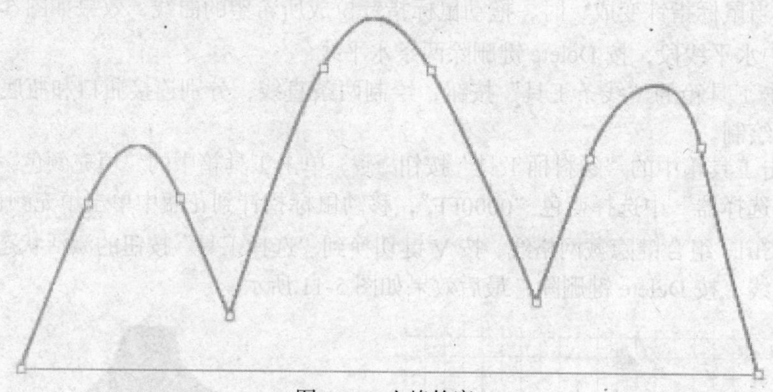

图 5-12　山峰轮廓

④ 如果形状不合适，单击工具箱中的“部分选取工具”按钮。单击图形的任意部分，显示出所有的锚点，拖动锚点可以改变它的位置，如图5-13所示；单击锚点，出现调整方向线，拖动调整方向线的端点，可以改变曲线的曲率，如图5-14所示。

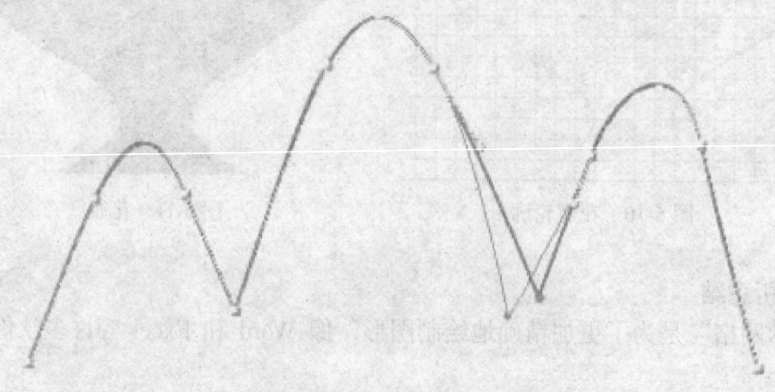

图 5-13　拖动锚点改变位置

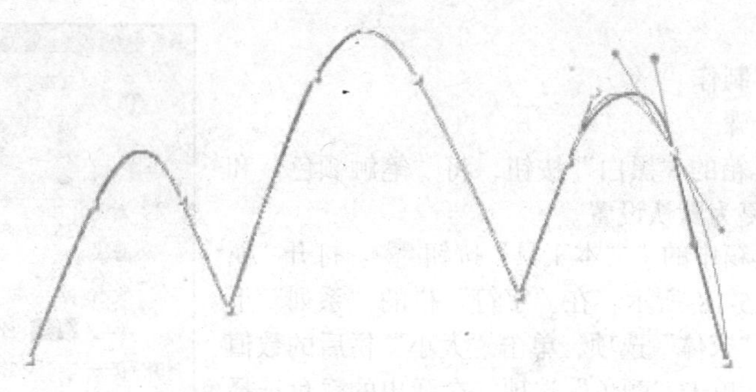

图 5-14 改变曲率

⑤ 执行“窗口”→“颜色”菜单命令或按组合键 shift+F9，打开“颜色”面板，单击其中的“填充颜色”按钮，在类型中选择“线性”，如图 5-15 所示。

⑥ 在渐变色条下方单击鼠标，添加一个颜色指针，添加指针位置如图 5-16 所示。

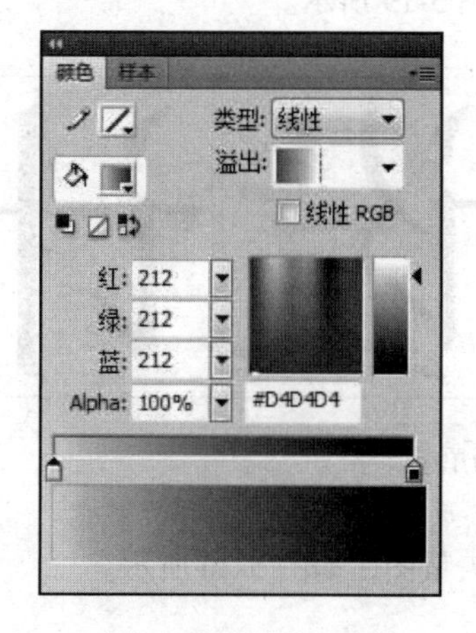

图 5-15“颜色” 面板

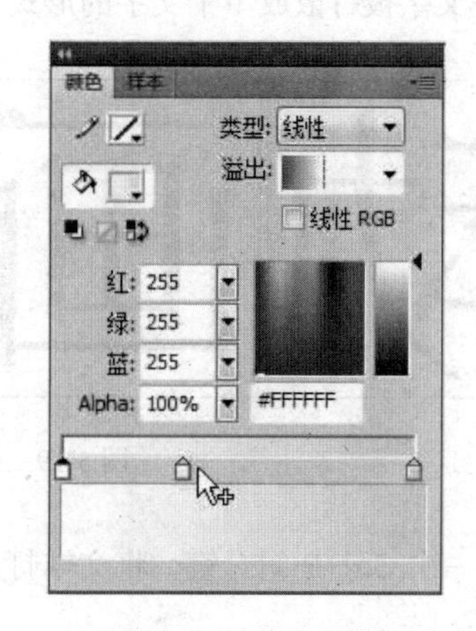

图 5-16 添加指针

⑦ 双击最左侧的颜色指针，在弹出的颜色选择器中，设置颜色为“CCCCCC”；中间的设置颜色为“666666”；右边的设置颜色为“444444”。

⑧ 单击工具箱中的“颜料桶工具”按钮，将鼠标指针移动到图 5-17 所示的位置中单击，为山峰填充颜色。

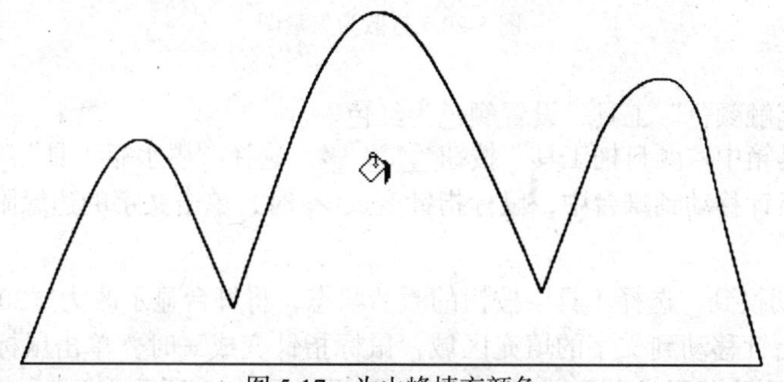

图 5-17 为山峰填充颜色

（2）分析总结

“钢笔工具”非常灵活，单击不同的位置拖动会有不同的效果，需要反复操作才能熟练掌握。

5．空心文字制作

（1）操作步骤

① 单击工具箱的“黑白”按钮，将“笔触颜色”和“填充颜色”恢复为默认设置。

② 单击工具箱中的“文本工具”按钮。打开“属性”面板，如图 5-18 所示。在“字符”栏的“系列”下拉列表框中选择“宋体”选项，单击“大小”栏后的数值框，输入“120”，单击“颜色”选项，在弹出的颜色选择器中，设置颜色为黑色。

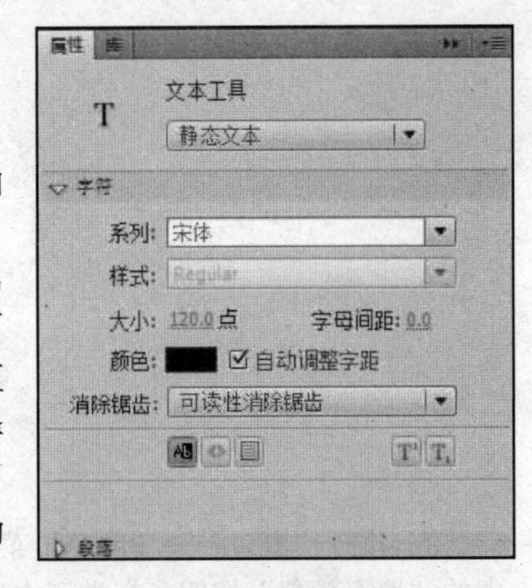

图 5-18　属性面板

③ 在舞台中单击确定文本输入点，并输入文字“动画设计”。

④ 执行“修改”→“分离”菜单命令或按组合键 Ctrl+B，整体文字被打散成单个文字的形式，如图 5-19 所示。

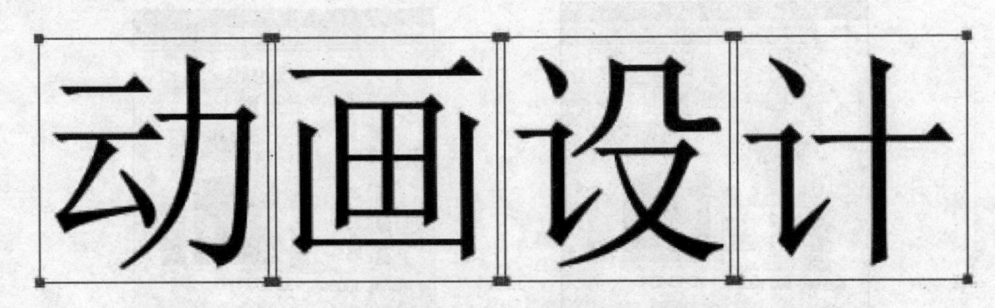

图 5-19　打散为单个文字

⑤ 再按一次 Ctrl+B 组合键，将文本打散成矢量图，如图 5-20 所示。

图 5-20　打散为矢量图

⑥ 单击“笔触颜色”工具，设置颜色为红色。

⑦ 单击工具箱中“颜料桶工具”按钮，选择“墨水瓶工具”。

⑧ 将鼠标指针移动到舞台中，鼠标指针变成 时，单击文字的边缘附近，将文字的边框都描绘成红色。

⑨ 按 V 键切换到“选择工具”按钮的激活状态，将舞台显示改为“200%”。

⑩ 将鼠标指针移动到文字的填充区域，鼠标指针变成 时，单击鼠标。选中填充区域后，按 Delete 键删除，形成空心文字，最后的效果如图 5-21 所示。

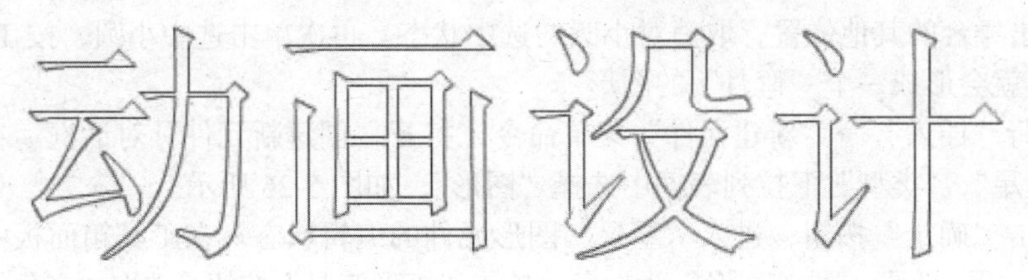

图 5-21　空心文字

（2）分析总结

① 文本不是图形，不能制作某些动画效果，如变形等。但可以通过“打散”将文本变成矢量图，相当于“画出来”的字，转变成图形。

② 图形都是由内部和外框组成的，“墨水瓶工具”和“颜料桶工具”就是让计算机区分想改变哪部分的颜色。通过对内部或外框的修改，能产生具有特殊效果的图形。

6．夜空

（1）操作步骤

① 新建 Flash 文件，执行“修改”→“文档”菜单命令或按组合键 Ctrl+J，打开“文档属性”窗口，如图 5-22 所示。

② 单击背景颜色，在弹出的颜色选择器中，设置颜色为黑色，单击“确定”按钮。舞台背景变为黑色。

③ 双击时间轴面板中“图层 1”文字，如图 5-23 所示，将该图层的名字改为“月亮”。

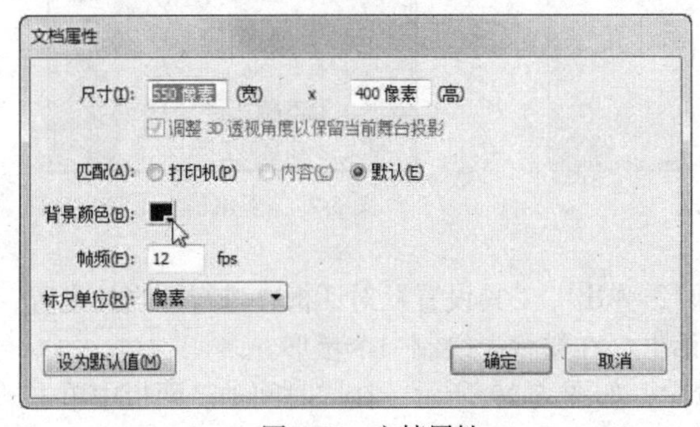

图 5-22　文档属性

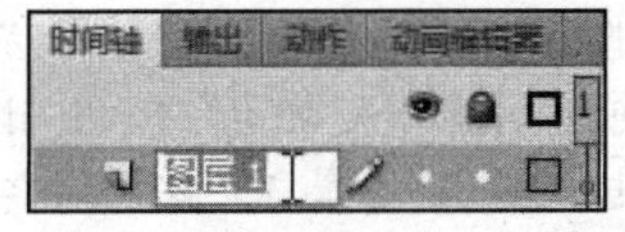

图 5-23　图层 1

④ 在工具箱面板中设置“笔触颜色”为“无颜色”，“填充颜色”为白色。如果工具箱中的“对象绘制”按钮开启，单击此按钮，转换到“合并绘制模式”。

⑤ 选择工具箱中的“椭圆工具”按钮，在舞台的左上角画一个大小合适的正圆。将“填充颜色”改为另外一种颜色，在旁边再画一个较小的正圆，如图 5-24 所示。

⑥ 单击“选取工具”按钮，单击选中小圆，将小圆移动到大圆上，如图 5-25 所示。

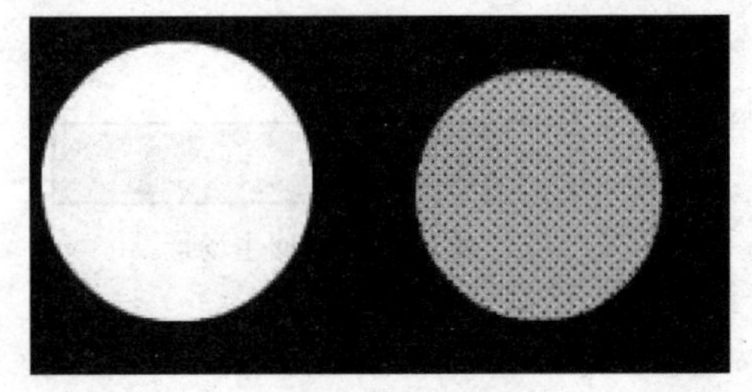

图 5-24　两个圆

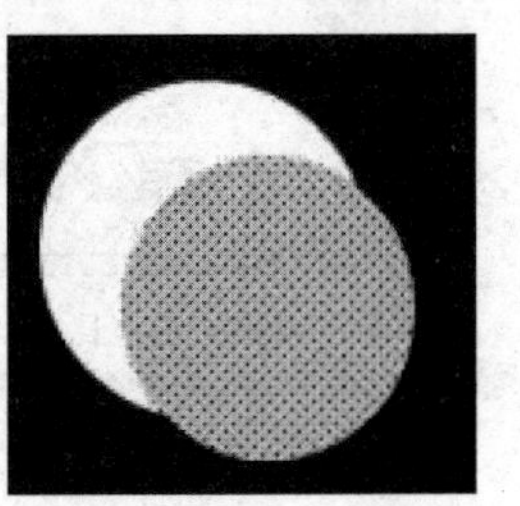

图 5-25　两个圆叠加

⑦ 单击舞台的其他位置，取消对小圆的选中状态。再次单击选中小圆，按 Delete 键，删除小圆，就会形成一个“弯月”的图形。

⑧ 执行“插入”→“新建元件”菜单命令，打开“创建新元件”对话框。在“名称”中输入“星星”，“类型”下拉列表框中选择“图形”，如图 5-26 所示。

⑨ 单击“确定”按钮，进入“星星”图形元件的编辑状态。在工具箱面板中设置“笔触颜色”为“无颜色”，“填充颜色”为白色。单击“矩形工具”按钮，选取“多角星形工具”，如图 5-27 所示。

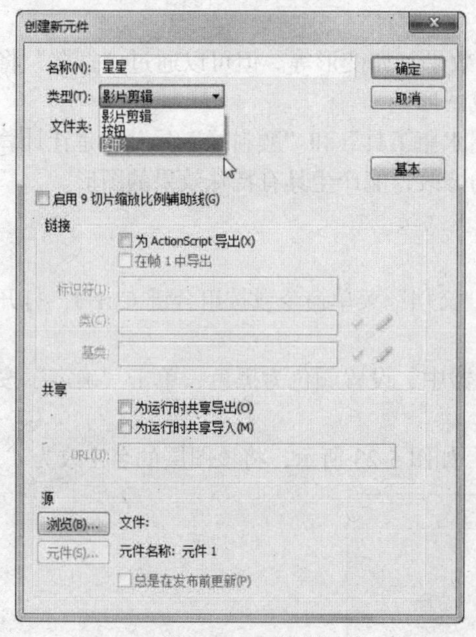

图 5-26　创建新元件

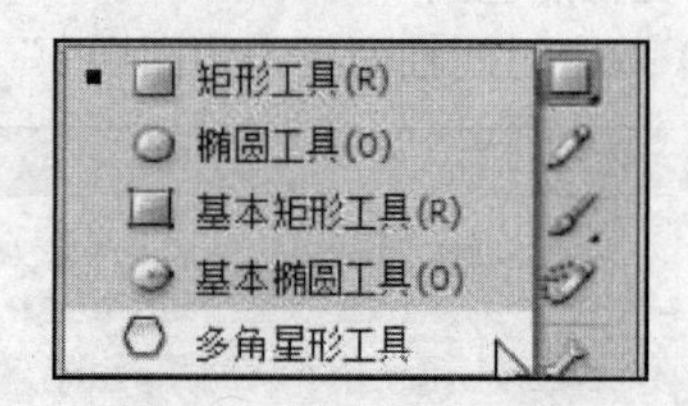

图 5-27　多角星形工具

⑩ 在“属性”面板中单击“选项”，弹出“工具设置”对话框，进行适当的设置，如图 5-28 所示，单击“确定”按钮关闭对话框，在舞台上绘制一个星形。

⑪ 单击“场景 1”返回到主场景中，如图 5-29 所示。在“时间轴”面板中单击“新建图层”按钮，如图 5-30 所示，将新建的图层的名字改为“星”。单击“库”面板，就能看到一个名字为“星星”的图形元件，拖动该元件到舞台中释放鼠标，就在新建的“星”图层中绘制了一个“星星”的图形元件，如图 5-31 所示。

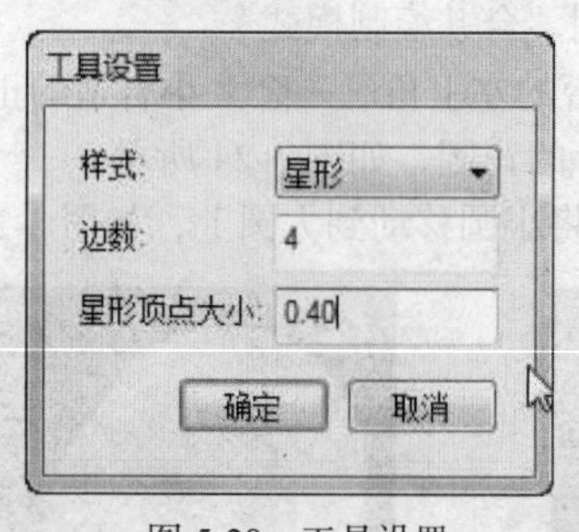

图 5-28　工具设置

图 5-29　返回主场景

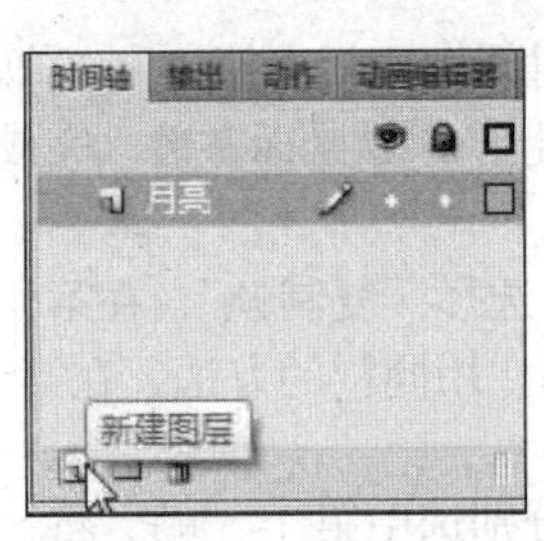

图 5-30　新建图层

图 5-31　绘制星星

⑫ 在工具箱中选用“喷涂刷工具”。打开“属性”面板，单击“编辑”按钮，在弹出的“交换元件”对话框中选中“星星”元件，单击“确定”按钮。设置属性面板的各项值，如图 5-32 所示。

⑬ 将鼠标指针移动到舞台中，鼠标指针变成 形状，在合适的位置单击鼠标，星星就被不均匀地喷洒在舞台上。

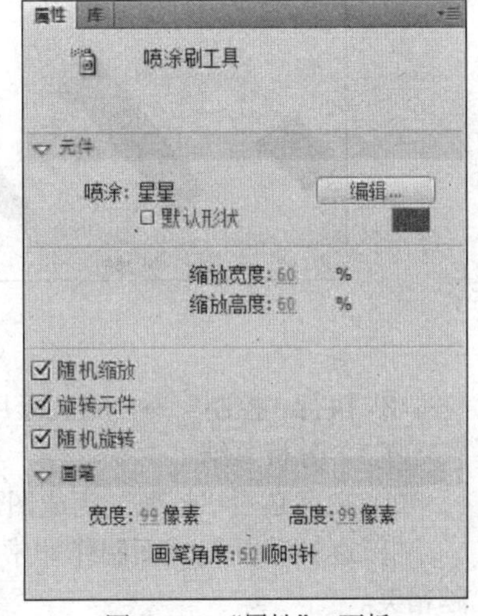

图 5-32　“属性”　面板

（2）分析总结

① 在多个图层中绘制图形，可以保证不同图层中的图形不会互相影响，以免图形叠加多了的时候，计算机不知道要选择哪个图形，有利于图形的编辑操作。

② 元件可以反复使用，可以减少画图的工作量。

实验一列举了 Flash 中常用的一些工具的使用方法，这些工具和其他工具都能完成绘图的某部分功能。计算机为了能够完成绘图的工作，将人画图的过程逻辑抽象分解成一个个独立的步骤，通过这些步骤的不同组合完成图形的绘制。针对每个步骤，计算机被设计成用不同的工具或按键操作来完成，以避免产生歧义性。

实验二　Flash 动画制作方法

一、实验目的

（1）掌握帧的使用方法。

（2）掌握多种动画的基本制作方法。

二、实验内容

1.“人”的书写

（1）动画效果

模拟书写汉字“人”的过程。

（2）操作步骤

① 单击工具箱中的“文本工具”按钮。打开“属性”面板，在“字符”栏的“系列”下拉列表框中选择“华文新魏”选项；单击“大小”栏后的数值框，输入“200”；单击“颜色”选项，在弹出的颜色选择器中，设置颜色为红色。

② 在舞台中输入汉字“人”。

③ 按 Ctrl+B 组合键将文字打散为矢量图。

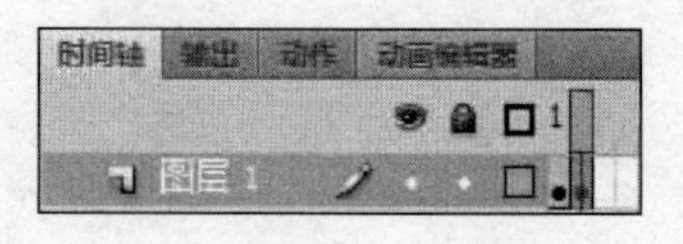

图 5-33 时间轴面板

④ 在“图层 1”的第 2 帧位置单击鼠标右键，在弹出的菜单中选择“插入关键帧”，或按 F6 键，时间轴面板的显示效果如图 5-33 所示。

⑤ 第 2 帧处于选中状态。将鼠标指针移动到时间轴面板上第 2 帧方框内，鼠标指针变成时，按住 Alt 键，拖动鼠标指针移动到第 3 帧上，释放鼠标左键，完成帧的复制。这个操作与步骤④按 F6 键“插入关键帧”是一样的。

⑥ 在第 3 帧上单击鼠标右键，在弹出的菜单中选择“复制帧”，在第 4 帧上单击鼠标右键，在弹出的菜单中选择“粘贴帧”，完成帧的复制。用同样的方法，在第 5 和第 6 帧上也复制帧。这时每一帧的画面内容是一样的。

⑦ 单击工具箱中的“橡皮擦工具”按钮，分别选中第 1~5 帧，将“人”字图形擦去一部分，如图 5-34 所示。

图 5-34 “人”字图形

⑧ 执行“控制”→“测试影片”菜单命令或按组合键 Ctrl+Enter，预览动画的运行效果。

（3）分析总结

① 文字必须“打散”变成图形后，才能制作动画效果。

② 逐帧动画的画面制作非常麻烦，但显示效果非常好。每一帧画面的差异越小，画面越精美。

每一帧的画面不必都有变化，可以延续几帧不变，这样能够控制播放的速度。

③ 插入关键帧后，内容与它前面最近的关键帧的内容是一样的。如果这两个关键帧之间还有帧，那么所有帧为第一个关键帧的普通帧。

2．浮动的液体

（1）动画效果

模拟在瓶子中的液体，缓慢上升，到最高点后，液面稍微稳定一会儿，再慢慢下降。

（2）操作步骤

① 新建一个 Flash 文件。在工具箱中设置“笔触颜色”为“黑色”，“填充颜色”为“无颜色”。选择“矩形工具”，在舞台中画一个矩形，高度同舞台大小，宽度适当，作为装液体的“瓶子”。

② 单击选中第 50 帧，按 F5 键，插入普通帧。

③ 在“图层 1”上单击鼠标右键，在弹出的菜单中选择“插入图层”，新建“图层 2”，“时间轴”面板如图 5-35 所示。

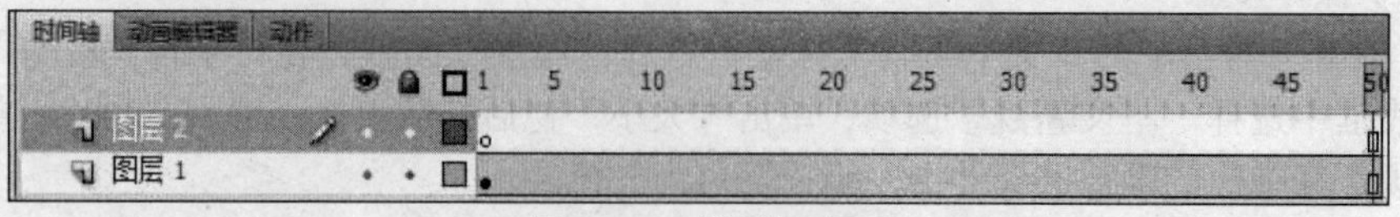

图 5-35 时间轴面板

④ 单击选中“图层 2”的第 1 帧。

⑤ 在工具箱中设置“笔触颜色”为“无颜色”，“填充颜色”为红色。选择“矩形工具”，在“瓶子”中画一个矩形，充满整个“瓶子”，作为“液体”。

⑥ 单击选中“图层 2”的第 20 帧，按 F6 键，插入关键帧。

⑦ 按照上一步骤，分别选中“图层 2”的第 31 帧、第 50 帧，按 F6 键，插入关键帧。

⑧ 在“图层 2”的第 1 帧和第 20 帧之间任意一帧上单击鼠标右键，在弹出的菜单中选择“创建补间形状”。

⑨ 在“图层 2”的第 31 帧和第 50 帧之间任意一帧上单击鼠标右键，在弹出的菜单中选择“创建补间形状”。

⑩ 将“图层 2”的第 1 帧和第 50 帧的“液体”高度缩小到瓶底的位置。

⑪ 按 Ctrl+Enter 组合键，预览动画的运行效果。

（3）分析总结

① 需要产生动画效果的对象必须单独放在一个图层中，否则都放在一起，计算机无法区分哪些对象需要变化和怎样变化。

② 同逐帧动画不同，本实验的动画不需要画出每一帧画面的变化。只要给出开始和结束时的画面，然后设置动画类型，中间的变化过程计算机会根据软件的预先设计自动完成。

③ 20 帧和 30 帧之间没有设置动画类型，而且画面内容相同，实现稍微停留的效果。

④ “图层 2”的第 21 帧到第 30 帧都是第 20 帧的普通延帧，它们都是一个画面。对任意一帧画面进行修改，都会影响其他帧的画面。第 31 帧虽然内容相同，但它是单独的画面，不会影响它之前的其他帧的内容。

⑤ 同样，“图层 1”的第 2 帧到第 50 帧都是第 1 帧的普通延帧，对任意一帧画面进行修改，其他帧的画面都会发生改变。

3．旋转的五角星

（1）动画效果

一个红色的五角星从舞台的左侧旋转着移动到舞台的右侧。

（2）操作步骤

① 新建一个 Flash 文件。在工具箱中设置“笔触颜色”为“无颜色”，“填充颜色”为红色。

② 选择“多角星形工具”。单击打开“属性”面板，在工具设置中单击“选项”按钮，打开“工具设置”对话框，将“样式”设置为“星形”，如图 5-36 所示。然后，单击“确定”按钮。

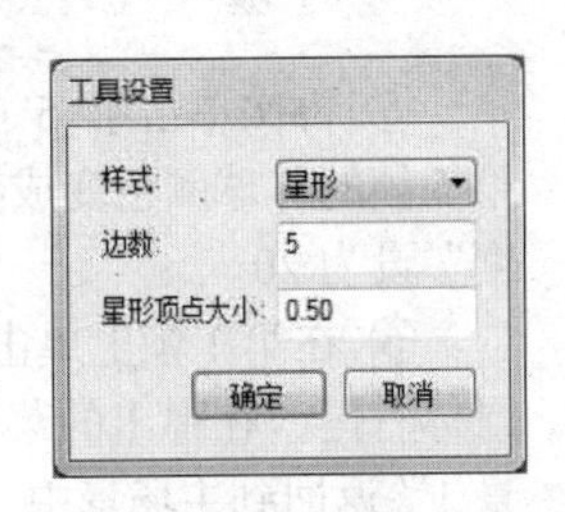

图 5-36　工具设置

③ 在舞台左侧画一个大小合适的五角星。

④ 单击选中第 40 帧，按 F6 键，插入关键帧。

⑤ 在第 1 帧和第 40 帧之间任意一帧上单击鼠标右键，在弹出的菜单中选择“创建传统补间”。

⑥ 单击选中第 40 帧，选择“任意变形工具”，将五角星移动到舞台的右侧。

⑦ 单击选中第 1 帧，然后单击打开“属性”面板，将“旋转”属性设置为顺时针 1 圈，如图 5-37 所示。

⑧ 按 Ctrl+Enter 组合键，预览动画的运行效果。

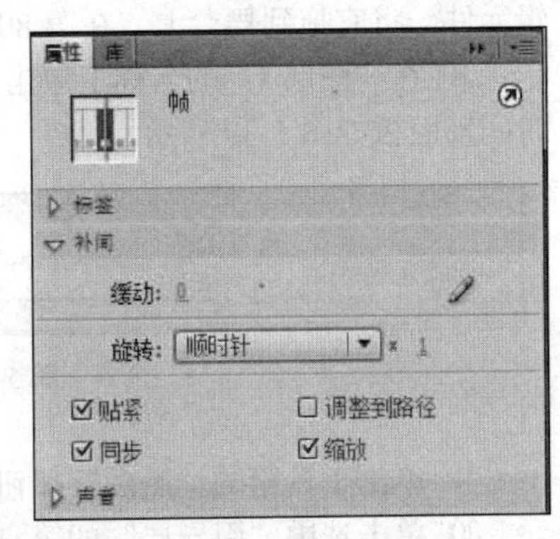

图 5-37　设置旋转属性

（3）分析总结

① 这个动画和前面的动画“浮动的液体”的制作相比较，从逻辑上来说都是一样的。第 1 帧和第 40 帧是两

个关键帧，内容是不一样的，五角星一个在左侧，一个在右侧，设置动画类型后，中间的过程就由计算机自动完成。

② 旋转效果通过属性的设置就能完成，旋转圈数越多转得越快。

③ 属性面板中的“缓动”属性，如图 5-37 所示，是用来模拟加速、减速和匀速运动的，0 表示匀速，正数代表越来越慢，负数代表越来越快，可以试试。通过设置各种属性可以更好地模拟动画的逼真效果。

4．运动的彩球

（1）动画效果

一个小球做曲线运动，同时小球由“大”变“小”再变“大”，颜色由“红”变“蓝”再变“红”，反复变化。

（2）操作步骤

① 新建一个 Flash 文件。执行“插入”→“新建元件”菜单命令，打开“创建新元件”对话框。在“名称”中输入“球”，“类型”下拉列表框中选择“影片剪辑”，单击“确定”按钮，进入元件编辑状态。

② 在工具箱中设置“笔触颜色”为“无颜色”，“填充颜色”为红色。选择“椭圆工具”，按住 Shift 键，在舞台中画一个正圆。

③ 在工具箱中选用“任意变形工具”。在“属性”面板的“位置和大小”选项区域，设置“X”和“Y”为 0，“宽度”和“高度”为 50。

④ 在“图层 1”的第 5 帧和第 10 帧位置单击鼠标右键，在弹出的菜单中选择“插入关键帧”。此时，元件“球”的时间轴面板如图 5-38 所示。

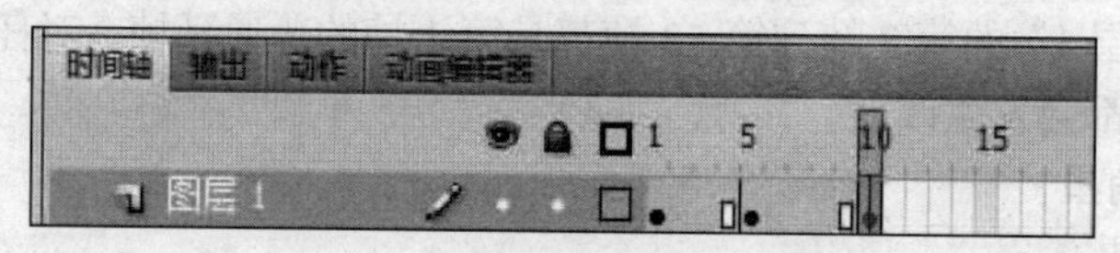

图 5-38 元件的“时间轴”面板

⑤ 再次单击第 5 帧，此时红球处于选中状态。在工具箱中设置“填充颜色”为蓝色，第 5 帧的红球颜色变成蓝色。在“属性”面板的“位置和大小”选项区域中将“宽度”和“高度”设为 20。

⑥ 在第 1 帧上单击鼠标右键，在弹出的菜单中选择“创建补间形状”。在第 5 帧上单击鼠标右键，在弹出的菜单中选择“创建补间形状”，至此完成元件“球”的编辑，单击“场景 1”返回到主场景中。

⑦ 在主场景中，单击图层 1 的第 1 帧，在“库”面板中选择刚刚创建的“球”影片剪辑元件，将它拖到舞台上，在第 80 帧单击鼠标右键，在弹出的菜单中选择“插入关键帧”。

⑧ 在“图层 1”的名称上单击鼠标右键，在弹出的菜单中选择“添加传统运动引导层”，时间轴面板如图 5-39 所示。

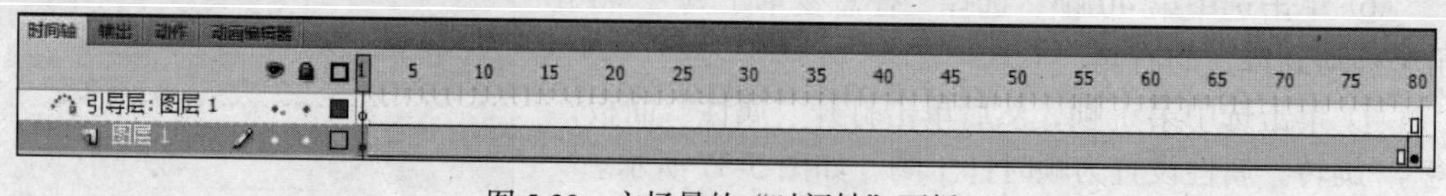

图 5-39 主场景的“时间轴”面板

⑨ 单击工具箱的“黑白”按钮，将“笔触颜色”和“填充颜色”恢复为默认设置。

⑩ 单击选中“引导层”的第 1 帧，使用工具箱中的“线条工具”绘制一条直线；选择

“添加锚点工具”，在刚画的直线中间添加一个锚点；选择“转化锚点工具”，将鼠标指针移动到刚添加的锚点上，按住鼠标左键向左上方移动，位置合适后释放鼠标左键。最后舞台中的效果如图 5-40 所示。

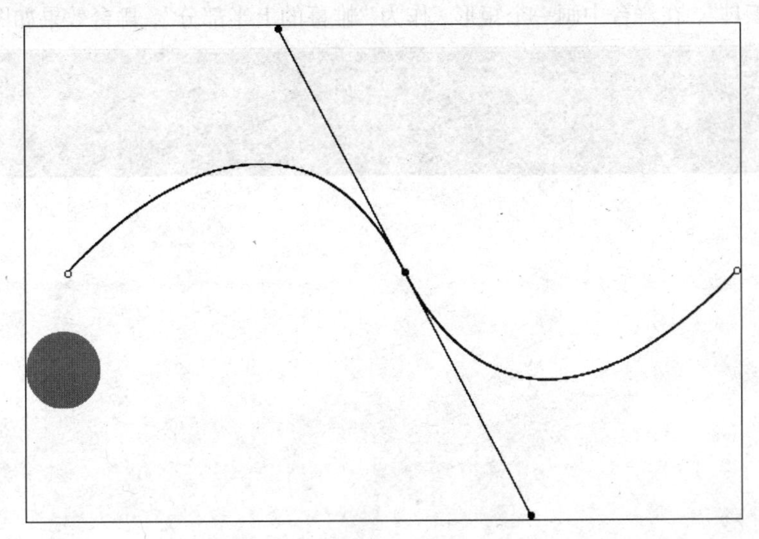

图 5-40　舞台中显示的图形效果

⑪ 在“图层 1”的第 1 帧和第 80 帧之间任意一帧上单击鼠标右键，在弹出的菜单中选择“创建传统补间”。

⑫ 在工具箱中选择“任意变形工具”，单击“图层 1”第 1 帧，将“球”移动到曲线的左端，使球和曲线吸附；单击“图层 1”第 80 帧，将“球”移动到曲线的右端，使球和曲线吸附。

⑬ 按 Ctrl+Enter 组合键，预览动画的运行效果。

（3）分析总结

① 引导层上画的图形，在动画播放时不会显示出来，如果想显示出来，必须再增加一个图层，画一个重叠的图形。

② 在被引导层中，必须创建“传统补间动画”，这样被引导层中的对象才能沿着引导层中的图形运动。

③ 在元件中可以制作独立于主动画的动画，实现“画中画”的效果，而且在元件中还可以再包含具有动画效果的元件。灵活运用元件，就可以设计出完美的动画效果。

5．时装

（1）动画效果

黑色的舞台像帷幕一样由中间向上下两端同时徐徐打开，逐渐显示出一个模特人物的模糊图像。然后，从模特人物的头部开始慢慢给模特披上金色的服装，显示出清晰的模特形象。

（2）操作步骤

① 新建一个 Flash 文件。执行“文件”→“导入”→“导入到库”菜单命令，打开“导入到库”对话框，选择需要导入的图像所在的文件夹，选中所有图像，单击“打开”按钮导入素材到库中。

② 打开“库”面板，如图 5-41 所示，将刚刚导入的“背景.jpg”图片拖入到舞台中，作为“模糊的模特人物”。

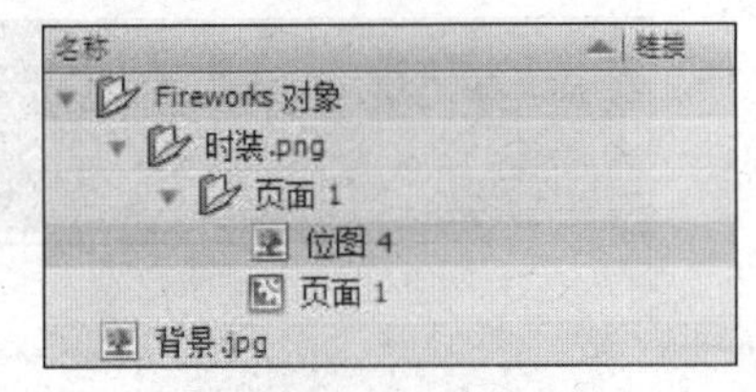

图 5-41　导入的图像

③ 按 Ctrl+J 组合键打开“文档属性”对话框，单击“内容”单选按钮，单击“确定”按钮，使舞台根据图片的尺寸而改变大小。

④ 新建“图层 2”，在工具箱中设置“笔触颜色”为“无颜色”，“填充颜色”为黑色。选择“矩形工具”，在舞台中画一个矩形，作为“帷幕的上半部分”，舞台效果如图 5-42 所示。

图 5-42　舞台效果

⑤ 在绘制的矩形上单击鼠标右键，在弹出的菜单中选择“转换为元件”，打开“转换为元件”对话框，在“名称”中输入“矩形”，“类型”下拉列表框中选择“图形”，单击“确定”按钮，将其转换为“矩形”图形元件。

⑥ 新建“图层 3”，从“库”面板中将刚刚创建的“矩形”图形元件拖入到舞台底部，作为“帷幕的下半部分”。将鼠标指针移动到“帷幕的下半部分”矩形中心点，按住鼠标左键不放垂直向下拖动到矩形底边，如图 5-43 所示。然后调整“帷幕下半部分”的大小使人物不被遮挡。

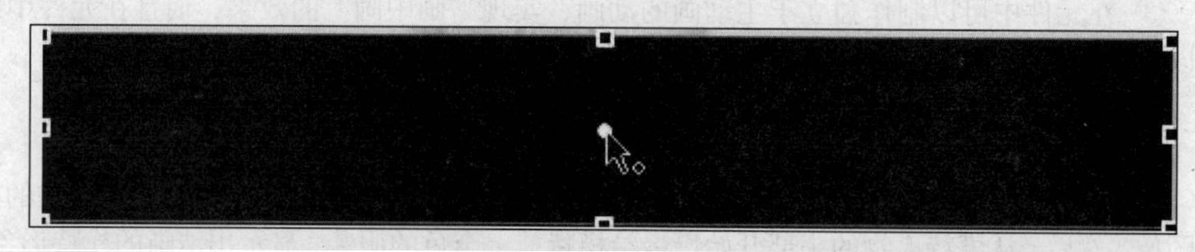

调整前矩形中心点位置

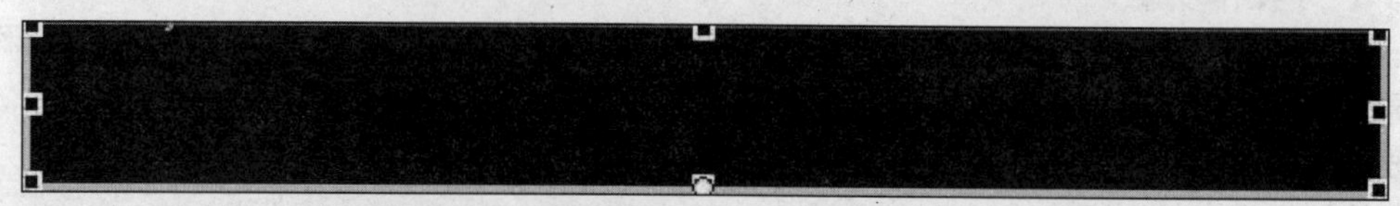

调整后矩形中心点位置

图 5-43　调整中心点

⑦ 使用同样的方法，调整“图层 2”中“帷幕的上半部分”的矩形中心点到矩形顶部。

⑧ 按住 Ctrl 键单击选中“图层 2”和“图层 3”的第 10 帧，按 F6 键同时为两个图层插入关键帧。

⑨ 单击选中“图层 2”中的第 1 帧，选择工具箱中的“任意变形工具”，将鼠标指针移动到“帷幕的上半部分”的矩形底部中间的控制柄上，按住鼠标左键不放向下拖动，到舞台的中间位置时释放鼠标左键，使矩形变大，遮住舞台的上半部分；使用相似的方法，放大舞台下边的矩形，遮住舞台的下半部分，使舞台在第 1 帧时为黑色。

⑩ 在“图层 2”的第 1 帧上单击鼠标右键，在弹出的菜单中选择“创建传统补间”。

⑪ 在“图层 3”的第 1 帧上单击鼠标右键，在弹出的菜单中选择“创建传统补间”，创建帷幕缓慢开启的动画效果。

⑫ 同时选中“图层 1”“图层 2”和“图层 3”的第 50 帧，按 F5 键插入普通帧。

⑬ 新建“图层 4”，在第 15 帧处插入关键帧。打开“库”面板，如图 5-41 所示。将“位图 4”拖入到舞台中，作为“清晰的模特形象”，并调整其位置与舞台中“模糊的模特人物”图像重合。

⑭ 在“图层 4”的第 15 帧处单击鼠标右键，在弹出的菜单中选择“复制帧”；新建“图层 5”，在第 45 帧处单击鼠标右键，在弹出的菜单中选择“粘贴帧”。

⑮ 单击选中“图层 5”的第 45 帧，执行“修改”→“位图”→“转换位图为矢量图”命令，打开“转换位图为矢量图”对话框，单击“确定”按钮，将其转换为矢量图。

⑯ 在“图层 5”的第 15 帧处，按 F6 键插入关键帧，在工具箱中设置“笔触颜色”为“无颜色”，“填充颜色”为“FF9900”，在人物顶部画一个椭圆，舞台效果如图 5-44 所示。

⑰ 在“图层 5”的第 15 帧处单击鼠标右键，在弹出的菜单中选择“创建补间形状”。

⑱ 在“图层 5”名称上单击鼠标右键，在弹出的菜单中选择“遮罩层”命令，创建遮罩动画。最后的“时间轴”面板如图 5-45 所示。

图 5-44　舞台效果

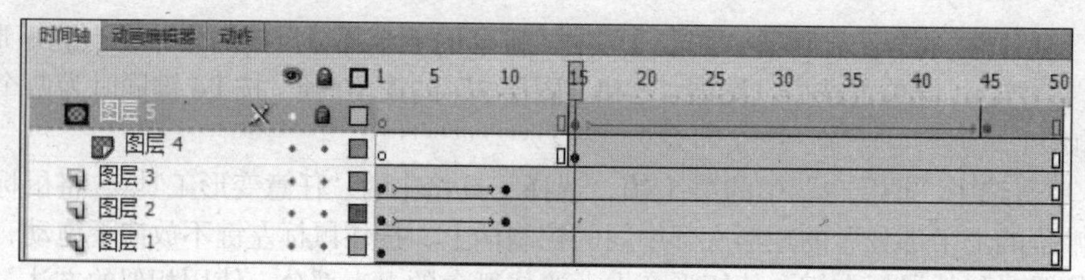

图 5-45 “时间轴”面板

⑲ 按 Ctrl+Enter 组合键，预览动画的运行效果。

（3）分析总结

① 改变“帷幕”矩形的中心点位置，是因为图形变成元件的实例后，会以中心点为对称点改变大小。

② 因为“补间形状动画”要求必须是矢量图形，不能是位图图像，所以在“图层 5”中要将第 45 帧的人物图像转变为矢量图。

③ “图层 5”作为遮罩层，在第 15 帧处是一个椭圆图形，第 45 帧处是一个人物图形，中间设置为“补间形状动画”，这两个图形之间逐渐变化的图形由计算机按照预先设定的数学公式自动生成。但“图层 5”中的图形并不会显示在动画效果中，是通过“图层 4”（即被遮罩层）间接表现出来的。

④ “图层 4”作为被遮罩层，虽然从第 15 帧开始到第 50 帧都有“清晰的模特形象”，但不能一下全部显示出来，只有被“图层 5”中对应帧的图形遮挡的部分才能显示出来。

6．图片切换

（1）动画效果

模拟百叶窗的转动效果，完成两张照片的切换。

（2）操作步骤

① 新建一个 Flash 文件。执行“文件”→“导入”→“导入到库”菜单命令，打开“导入到库”对话框，选择需要导入的图像所在的文件夹，选中所有的图像，单击“打开”按钮导入素材到库中。

② 打开“库”面板，将“建筑 1.jpg”图片拖入到舞台中，按 Ctrl+J 组合键打开“文档属性”对话框，单击“内容”单选按钮，单击“确定”按钮。

③ 将“图层 1”的名称改为“建筑 1”。

④ 新建“图层 2”，将名称改为“建筑 2”。在“库”面板中，将“建筑 2.jpg”图片拖入到舞台中，在弹出的“解决库冲突”对话框中，单击“确定”按钮，如图 5-46 所示。

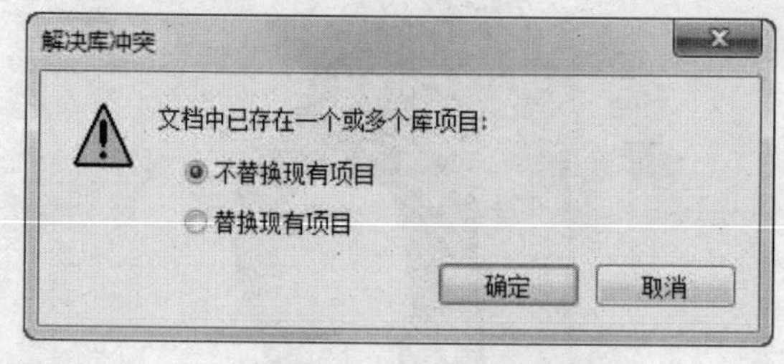

图 5-46 解决库冲突

⑤ 执行“插入”→“新建元件”菜单命令，打开“创建新元件”对话框。在“名称”中输入“单叶”，“类型”下拉列表框中选择“影片剪辑”，单击“确定”按钮，进入元件编辑状态。

⑥ 在工具箱中设置“笔触颜色”为“无颜色”，“填充颜色”为黑色。选择“矩形工具”，在舞台中画一个矩形，作为“百叶窗的一个叶片”。

⑦ 选择第 20 帧，按 F6 插入关键帧。选中矩形，在“属性”面板的“位置和大小”选项区域，设置“X”和“Y”为 0，设置“宽度”为 20，即图片宽度的 1/30，设置“高度”为 384，即图片的高度。选中第 1 帧的矩形，在“属性”面板中设置“X”和“Y”为 0，设置“宽度”为 1，“高度”为 384。

⑧ 在第 1 帧和第 20 帧之间任意一帧上单击鼠标右键，在弹出的菜单中选择“创建补间形状”，完成一个叶片由窄变宽的动画效果。

⑨ 单击“场景 1”返回到主场景中，在“库”面板中多了一个“单叶”影片剪辑元件。

⑩ 再次执行“新建元件”命令，建立一个名称为“多叶”的影片剪辑元件。在“多叶”元件编辑状态下，将“库”中刚刚建立的“单叶”影片剪辑元件拖入到舞台上，在“属性”面板中设置“X”为 0，“Y”为 0。

⑪ 选中工具箱中的“选择工具”，按住 Alt 键，同时拖动舞台上的“单叶”影片剪辑元件实例，复制得到一个新的“单叶”。

⑫ 此时复制得到的“单叶”处于选中状态，在“属性”面板中设置“X”为 20，“Y”为 0。

⑬ 继续复制“单叶”，设置“X”为 40。重复这一过程，让每一个“单叶”间距都为 20，直到最后一个“单叶”的“X”为 580，正好能够覆盖整个图片。

⑭ 单击“场景 1”返回到主场景中，在“库”面板中多了一个“多叶”影片剪辑元件。

⑮ 再新建一个图层，将名称改为“遮罩建筑 2”，将“多叶”元件拖到舞台中。在“属性”面板中，将“X”和“Y”设置为 0，舞台的效果如图 5-47 所示。

⑯ 按住 Ctrl 键，单击选中“建筑 1”和“建筑 2”图层的第 35 帧，按 F5 键插入帧。

⑰ 选中“遮罩建筑 2”图层的第 20 帧，按 F5 键插入帧。

⑱ 在“遮罩建筑 2”图层的名称上单击鼠标右键，在弹出的菜单中选择“遮罩层”命令，此时“时间轴”面板如图 5-48 所示。

图 5-47　舞台效果

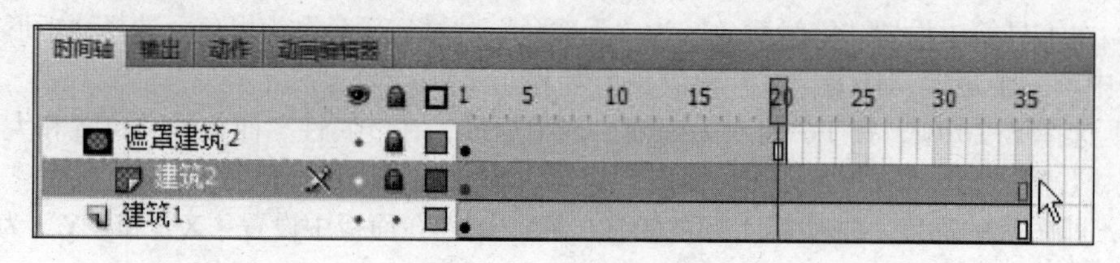

图 5-48 “时间轴”面板

⑲ 以时间轴第 36 帧为起点，制作相同形式的图片遮罩图层，只是遮罩层和被遮罩层图片做了互换。最后的“时间轴”面板如图 5-49 所示。

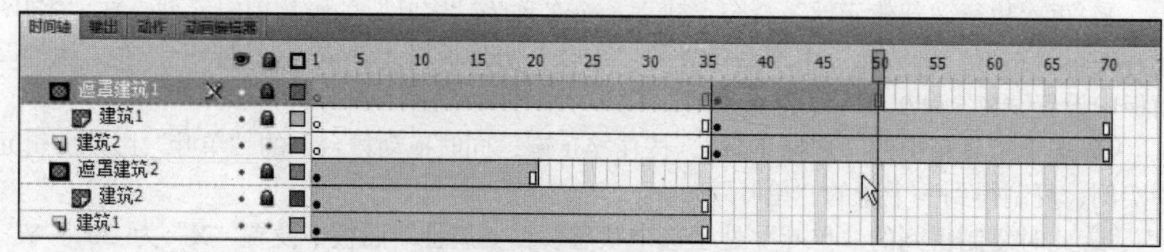

图 5-49 最终的“时间轴”面板

⑳ 按 Ctrl+Enter 组合键，预览动画的运行效果。

（3）分析总结

① 元件可以多次使用，在“多叶”元件中还可以嵌套使用“单叶”元件，这样可以减少动画制作的工作量，提高效率。这也是制作特殊动画效果的方法。

② 在主动画中没有设置任何动画效果，通过在元件中设计动画，也能达到效果。

通过实验二的这些简单例子，我们看到 Flash 动画就是从第 1 帧画面开始，连续播放所有图层中的图形。充分理解学过的每种动画所能达到的效果，在时间轴上合理地使用不同的动画类型的组合，有效地改变不同图层上每一帧画面的内容，就能达到我们想要的动画效果。

第 6 章

Internet 应用

实验一 使用 Outlook Express 收发电子邮件

一、实验目的

（1）掌握 Outlook Express 的基本操作方法。

（2）掌握设置个人电子邮件账号的方法。

（3）掌握收发电子邮件的方法。

二、实验内容

1. 了解 Outlook Express

操作步骤如下。

单击桌面上的“Outlook Express”图标，即可启动 Outlook Express。Outlook Express 在外观上与 Internet Explorer 相似，如图 6-1 所示。

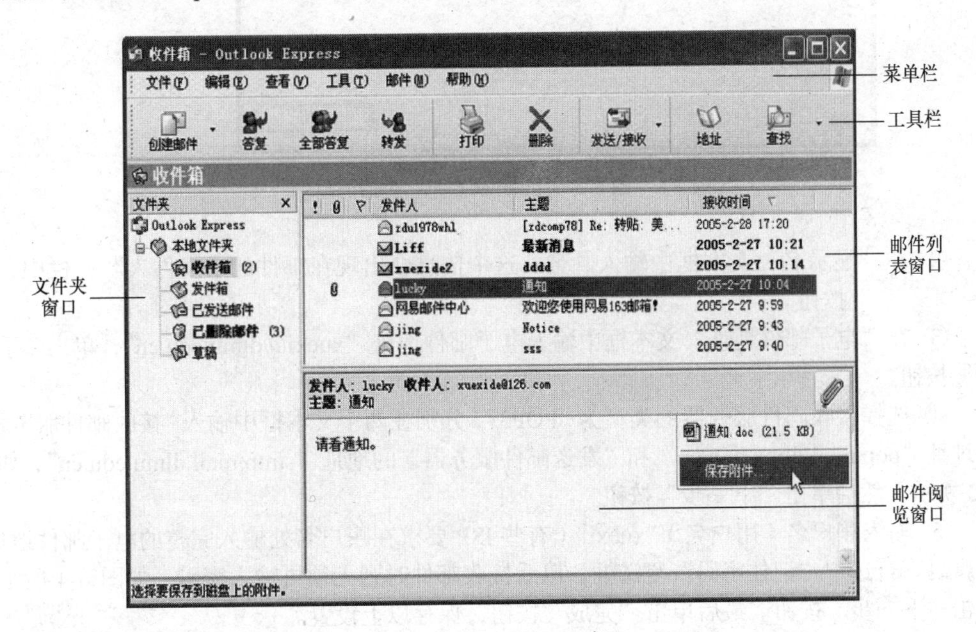

图 6-1 Outlook Express 窗口

在文件夹窗口中列出了 Outlook Express 中所有的文件夹，用户也可以根据自己的实际需要添加或删除文件夹。

收件箱：用于存放接收到的新邮件，若不将其移动到其他位置，所有收到的邮件将一直保存在此。

发件箱：撰写好新邮件后，在默认情况下 Outlook Express 并不将其立即发出，而是把它们暂存在发件箱中，待单击“发送/接收”按钮后才将邮件发出（在局域网连接方式下，邮件会立即发出）。

已发送邮件：存放已发送邮件的副本，以备将来使用。

已删除邮件：从其他文件夹中删除的邮件都保存在这个文件夹中。如果要永久删除这些邮件，用鼠标右键单击该文件夹图标，在快捷菜单中选择“清空文件夹”命令即可。

草稿：若在撰写邮件的过程中不得不临时中断一下，可以关闭正在编写的邮件并将其保存在“草稿”文件夹中，以后可以随时打开继续编辑。

2．设置个人电子邮件账号

在使用 Outlook Express 收发邮件之前，首先需要设置所使用的邮件账号，包括邮件服务器地址和电子邮件地址等。下面以 xuexi@dlmu.edu.cn 邮箱为例，说明设置的方法。

① 选择“工具”菜单中的“账户”命令，在弹出的“Internet 账户”对话框中单击“添加”→“邮件”，如图 6-2 所示。

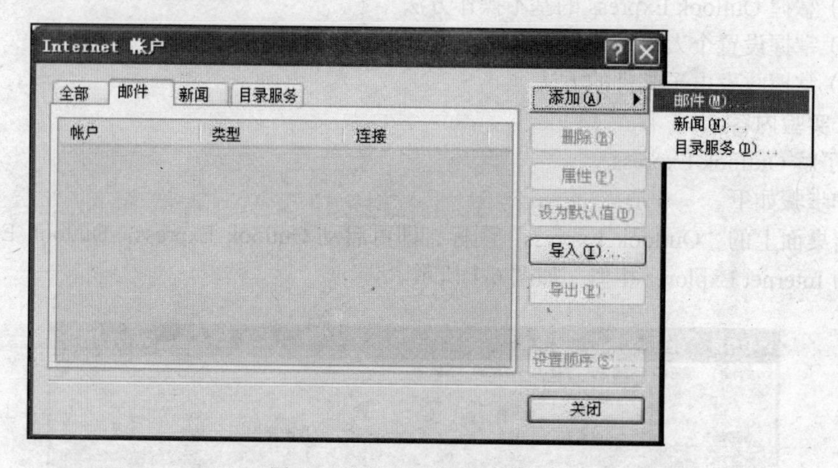

图 6-2 “Internet 账户”对话框

② 在“显示名”文本框中输入姓名，这个信息会出现在邮件的“发件人”一栏中，单击“下一步”按钮。

③ 在“电子邮件地址”文本框中输入电子邮件地址“xuexi@dlmu.edu.cn”，单击“下一步”按钮。

④ 选择接收邮件服务器的类型为“POP3”，分别在两个文本框中输入“接收邮件服务器”的地址“pop.mail.dlmu.edu.cn”和“发送邮件服务器”的地址“smtp.mail.dlmu.edu.cn”，如图 6-3 所示。然后单击“下一步”按钮。

⑤ 输入账户名（用户名）“xuexi”（有些 ISP 要求在账户名处输入完整的电子邮件地址）和密码。若选中“记住密码”复选框，以后接收邮件时则无须再输入密码，如图 6-4 所示。单击“下一步”按钮。最后单击“完成”按钮，保存以上设置。

若 ISP 要求 SMTP 服务器进行身份验证，则需要做下列设置：选择“工具”菜单中的“账户”命令，在弹出的“Internet 账户”对话框中选择要设置的账户，单击“属性”按钮。在属性对话框中，选择“服务器”选项卡，选中“我的服务器要求身份验证”复选框，如图 6-5 所示。

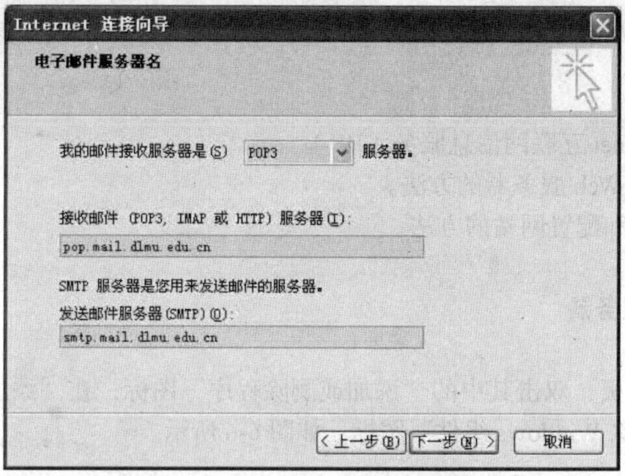

Internet 连接向导

电子邮件服务器名

我的邮件接收服务器是(S) POP3 服务器。

接收邮件 (POP3, IMAP 或 HTTP) 服务器(I):

pop.mail.dlmu.edu.cn

SMTP 服务器是您用来发送邮件的服务器。

发送邮件服务器(SMTP)(O):

smtp.mail.dlmu.edu.cn

<上一步(B)　下一步(N)>　取消

图 6-3　输入邮件服务器地址

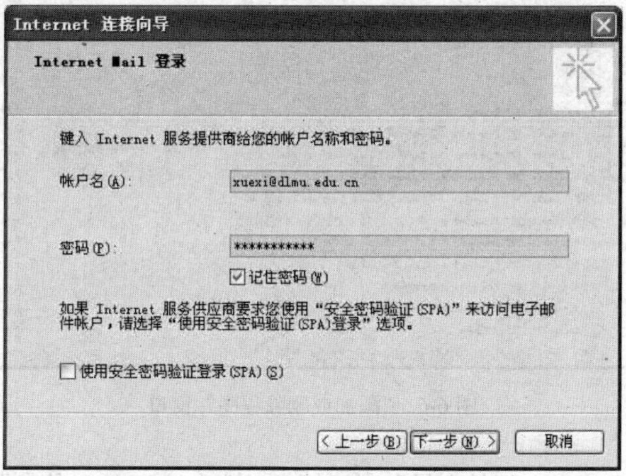

Internet 连接向导

Internet Mail 登录

键入 Internet 服务提供商给您的帐户名称和密码。

帐户名(A): xuexi@dlmu.edu.cn

密码(P): ***********

☑记住密码(W)

如果 Internet 服务供应商要求您使用“安全密码验证(SPA)”来访问电子邮件帐户，请选择“使用安全密码验证(SPA)登录”选项。

☐使用安全密码验证登录(SPA)(S)

<上一步(B)　下一步(N)>　取消

图 6-4　“Internet Mail 登录”对话框

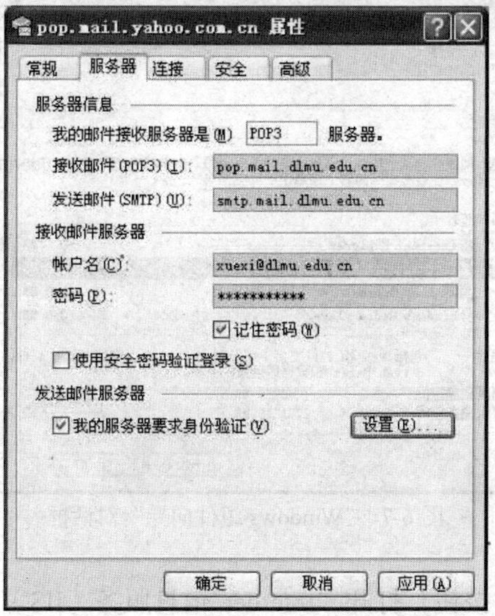

pop.mail.yahoo.com.cn 属性

常规　服务器　连接　安全　高级

服务器信息

我的邮件接收服务器是(M) POP3 服务器。

接收邮件(POP3)(I): pop.mail.dlmu.edu.cn

发送邮件(SMTP)(U): smtp.mail.dlmu.edu.cn

接收邮件服务器

帐户名(C): xuexi@dlmu.edu.cn

密码(P): ***********

☑记住密码(W)

☐使用安全密码验证登录(S)

发送邮件服务器

☑我的服务器要求身份验证(V)　设置(E)...

确定　取消　应用(A)

图 6-5　邮件账户属性

实验二 构建 Web 服务器

一、实验目的

（1）认识 Internet 互联网信息服务（IIS）。

（2）掌握安装 Web 服务器的方法。

（3）掌握建立和配置网站的方法。

二、实验内容

1. 安装 Web 服务器

操作步骤如下。

① 打开控制面板，双击其中的“添加或删除程序”图标，在“添加或删除程序”窗口中，单击“添加/删除 Windows 组件”图标，如图 6-6 所示。

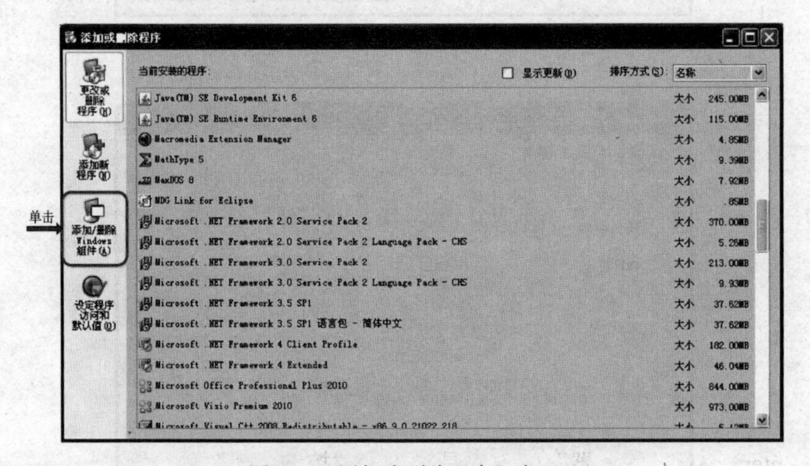

图 6-6 “添加或删除程序”窗口

② 在打开的“Windows 组件向导”对话框中，选中“Internet 信息服务（IIS）”复选框，如图 6-7 所示。

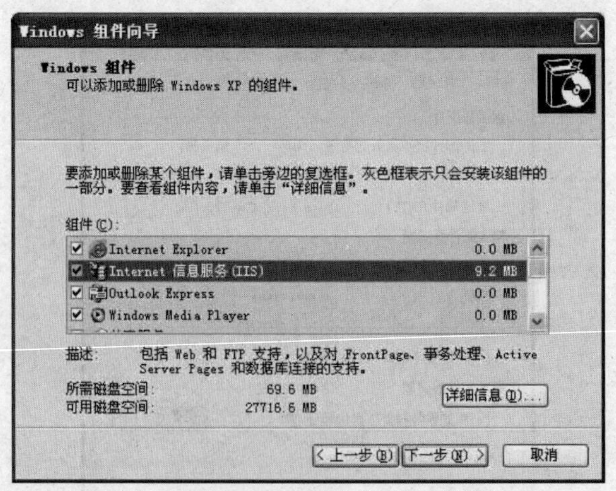

图 6-7 “Windows 组件向导”对话框

③ 单击“详细信息”按钮，打开“Internet 信息服务（IIS）”对话框，保持默认设置并选中“文件传输协议（FTP）服务”复选框，如图 6-8 所示。

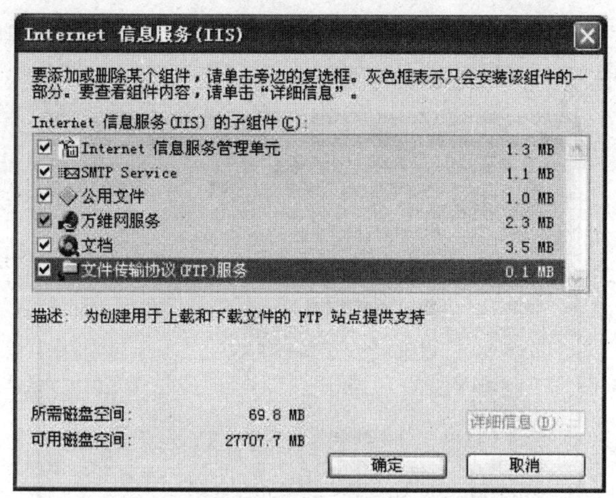

图 6-8 “Internet 信息服务（IIS）”对话框

④ 单击“确定”按钮，返回“Windows 组件向导”对话框。单击“下一步”按钮，打开“正在配置组件”对话框，同时打开“插入磁盘”对话框，要求插入 Windows 安装光盘。在光驱中插入光盘，单击“确定”按钮，系统开始安装。

⑤ 安装完成后，系统将打开“完成‘Windows 组件向导’”对话框，单击“完成”按钮完成安装。

2．建立和配置网站

IIS 提供了一个图形界面的 Web 管理工具，称为“Internet 服务管理器”，利用它能配置和管理 Web 服务。配置和管理工作主要是通过设置它的属性来实现的。

操作步骤如下。

打开“Internet 服务管理器”的方法是：单击“控制面板”→“管理工具”→“Internet 信息服务”，如图 6-9 所示。

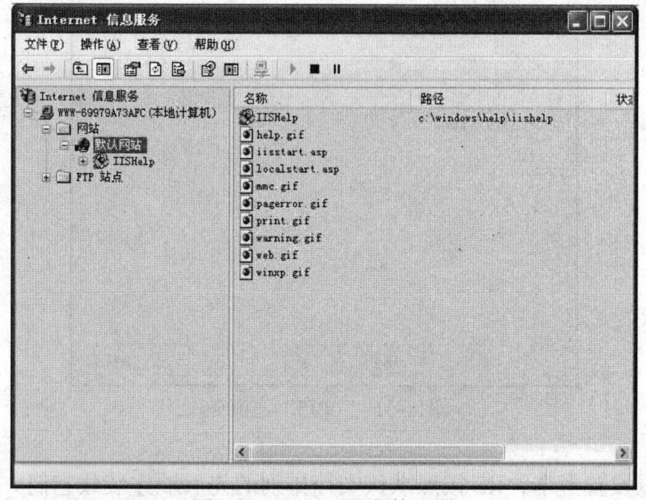

图 6-9 Internet 服务管理器

① 设置主目录。

主目录是 Web 网站的根目录，要发布的网站信息放置在该目录下。默认的主目录是 c:\inetpub\wwwroot。设置或更改主目录的方法如下。

右击“默认网站”，在快捷菜单中选择“属性”命令，在弹出的“默认网站 属性”对话框中选择“主目录”选项卡，如图 6-10 所示。

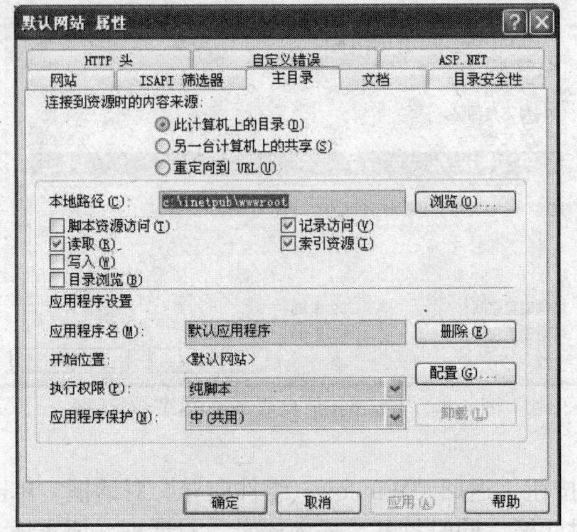

图 6-10　主目录属性设置

在“本地路径”文本框中输入主目录的路径或单击“浏览”按钮，在“浏览文件夹”对话框中选择要作为主目录的文件夹。

② 设置默认文档。

默认文档指的是当用浏览器访问某一目录但未指定文件名时，IIS 默认打开的文档。默认设置文档的方法是，在“默认网站 属性”对话框中选择“文档”选项卡，如图 6-11 所示。

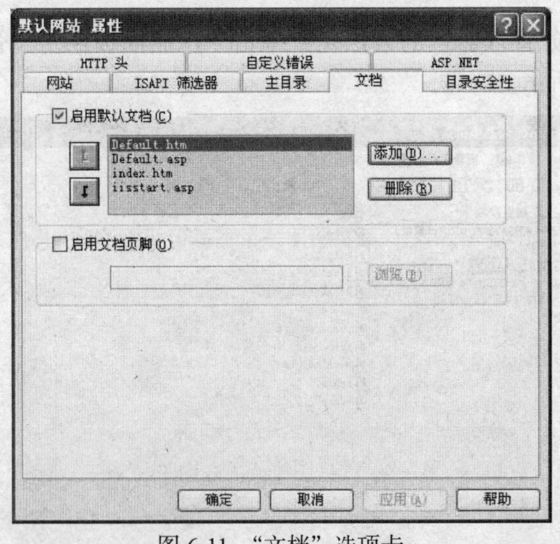

图 6-11　“文档”选项卡

默认文档可以设置多个，IIS 按照默认文档排列的先后顺序装载它们。单击“添加”钮，可以增加新的默认文档；单击“删除”按钮，可以取消某一默认文档。通过单击↑或↓按钮来调整默认文档的排列顺序。

③ 设置网站的访问地址。

IIS 支持在一台服务器上同时建立多个 Web 站点，各站点的访问地址（URL）用不同的域名或不同的端口来区分。

设置用不同的端口号访问各网站，操作如下。在“默认网站 属性”对话框中选择“网站”选项卡，如图 6-12 所示。在“描述”文本框中输入网站的名称，在“IP 地址”文本框中输入服务器的 IP 地址，在“TCP 端口”文本框中显示了 Web 服务的默认端口 80。若要更改端口号，要选用大于 1024 的数值填入“TCP 端口”文本框中，如 8080。访问配有特定端口的网站时，其 URL 格式为“http://IP 地址:端口号”，如“http://202.118.96.8:8080/”。

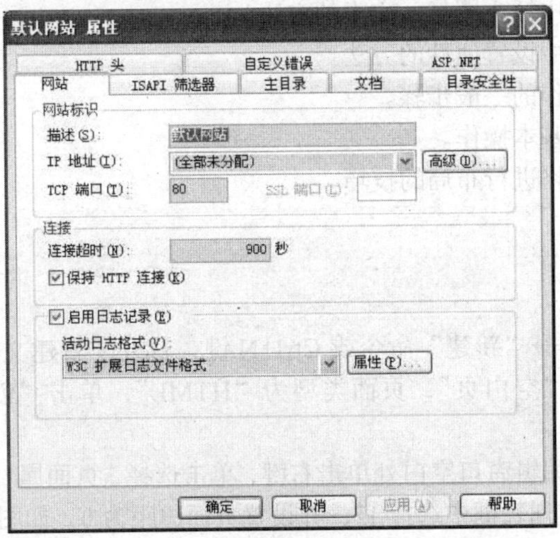

图 6-12 “网站”选项卡

设置用不同的域名访问各网站，操作如下。在“网站”选项卡中单击“高级”按钮，弹出“多网站高级配置”对话框，如图 6-13 所示。选择列表中的标识项，单击“编辑”按钮。在“高级网站标识”对话框的“主机头名”文本框中，输入站点的域名，如“stt.dlmu.edu.cn”。分别为每个网站设置不同的域名，最终用域名访问相应的网站。

Web 站点配置完成后，将制作好的网页复制到主目录下就可以发布了。

3．启动或停止 Web 站点

操作步骤如下。

在“Internet 服务管理器”窗口中，右击 Web 站点，在快捷菜单中选择“启动”或“停止”命令。

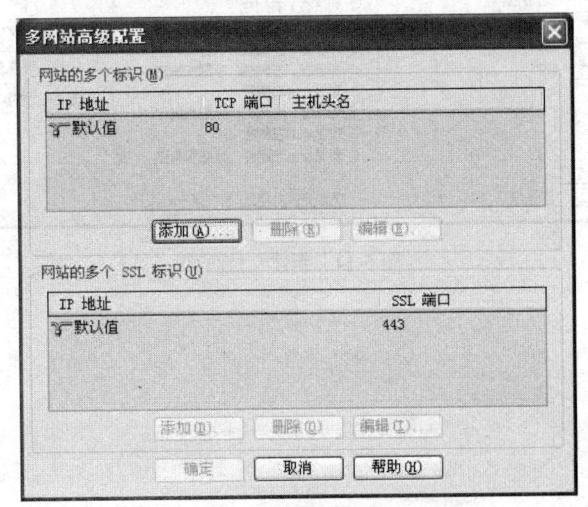

图 6-13 “多网站高级配置”对话框

实验三 用 Dreamweaver 制作网页

一、实验目的

（1）熟悉 Dreamweaver CS4 的开发环境。

（2）熟悉构成网站的基本元素。

（3）掌握在网页中插入图像、文本的方法。

（4）掌握在网页中设置属性的方法。

（5）了解网页制作的一般步骤。

（6）掌握表格的基本操作。

（7）掌握通过表格进行布局的技巧。

二、实验内容

操作步骤如下。

1．新建网页

① 通过“文件”→“新建”命令或 Ctrl+N 键，打开“新建文档”对话框。在“新建文档”对话框中选择“空白页”，页面类型为“HTML”，单击“创建”按钮，如图 6-14 所示。

② 在新建的网页编辑窗口空白处单击右键，单击选择“页面属性”，单击“外观（CSS）”选项，在“大小”下拉列表框中选择 12，并设置页面边距为 0，如图 6-15 所示。

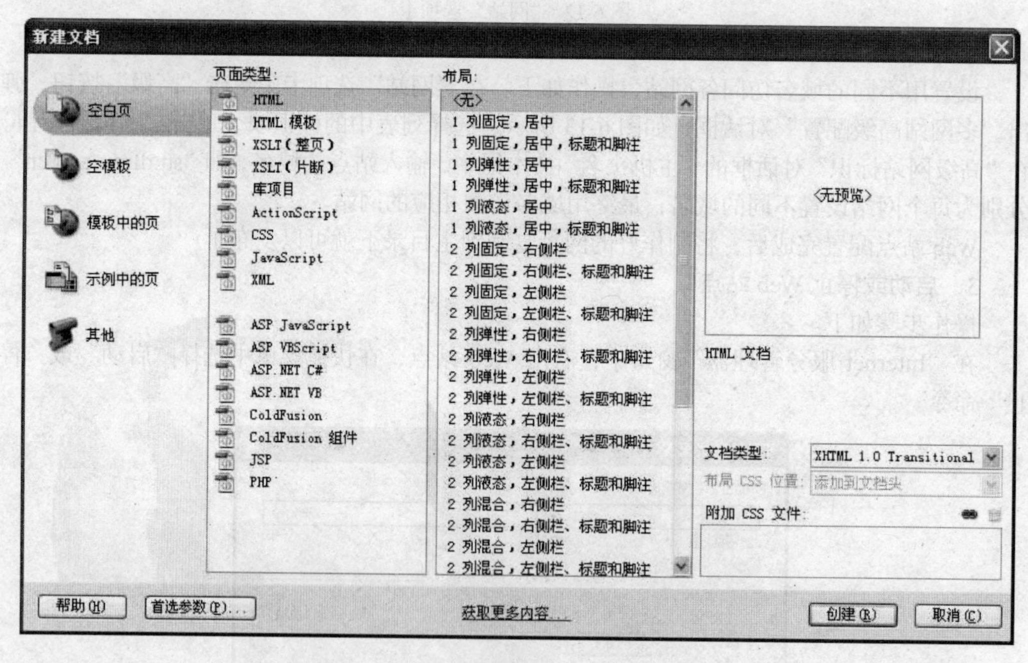

图 6-14　新建文档页面

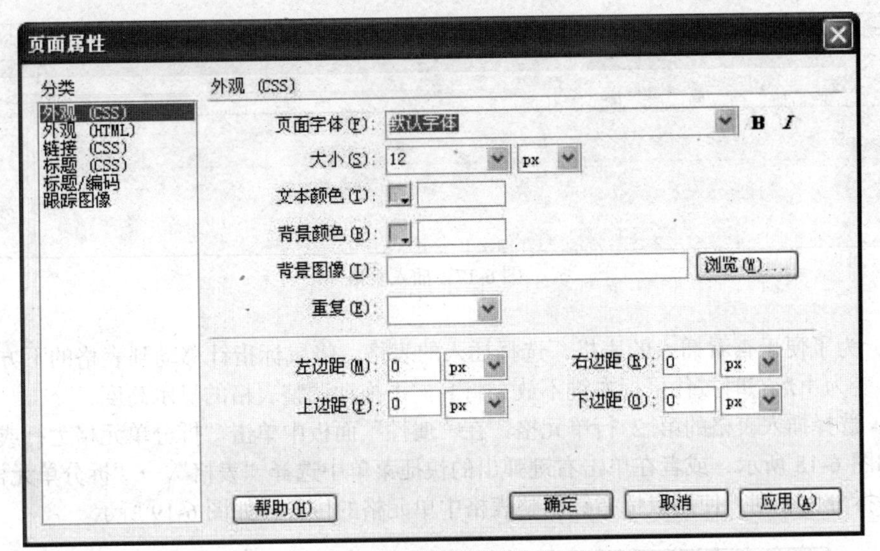

图 6-15　页面属性设置

③ 单击“确定”按钮，完成“页面属性”设置。

2．用表格布局网页

① 单击“插入”→“表格”，弹出“表格”对话框，在“行数”文本框中输入 3，在“列”文本框中输入 1，在“表格宽度”文本框输入 800，在其后的下拉列表框中选择“像素”选项，并设置其他属性为 0，如图 6-16 所示。

② 选择插入的表格，单击鼠标右键，在弹出的快捷菜单中选择“对齐”→“居中对齐”选项，将插入的表格居中对齐，如图 6-17 所示。

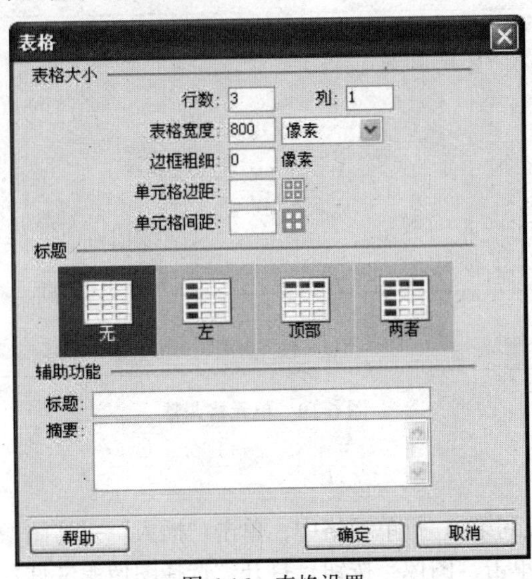

图 6-16　表格设置

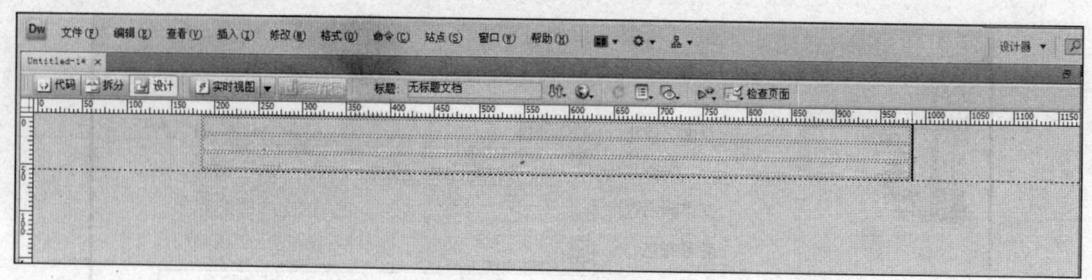

图 6-17　插入表格

③ 为了便于查看插入的表格，选择插入的表格，将鼠标指针移动到表格的下方，当鼠标指针变为 ÷ 形态时按住鼠标左键不放，将其向下拖动调整表格的显示高度。

④ 选择插入表格的第 2 行单元格，在“属性”面板中单击“拆分单元格为行或列”按钮，如图 6-18 所示，或者在单击右键弹出的快捷菜单中选择“表格”→“拆分单元格”，把单元格拆分为 2 列，使用鼠标指针调整表格中单元格的位置，如图 6-19 所示。

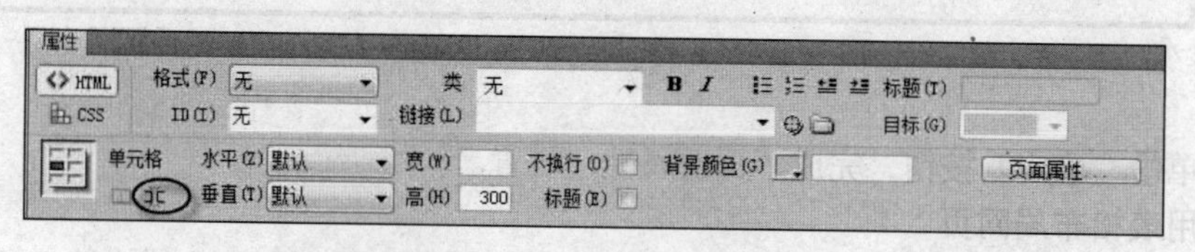

图 6-18　拆分单元格

图 6-19　单元格调整

3．插入图片

① 将鼠标指针定位到第 1 行单元格中，单击“插入”→“图像”按钮，或将插入栏切换到“常用”选项卡，单击“图像”按钮，打开“选择图像源文件”对话框，选择要插入的网页顶部的素材图片。

② 将鼠标指针定位到第 2 行第 1 列单元格中，在属性栏设置“水平”为“居中对齐”，“垂直”为“顶端对齐”。单击“插入”→“图像”按钮，或将插入栏切换到“常用”，单击“图像”按钮，打开“选择图像源文件”对话框，在弹出的对话框中选择 6 个素材图片，作为左侧的导航栏。

③ 将鼠标指针定位到第 3 行单元格中，用同样的方法选择并插入底部的素材图片，如

图 6-20 所示。

图 6-20　插入图像

4．插入文字

① 将表格第 2 行第 2 列单元格拆分为 2 行。并在第 1 行内输入“大学生活规划”，设置单元格“水平”属性为“居中对齐”。

② 将自己撰写的“大学生活规划”内容复制到第 3 行第 2 列单元格内，如图 6-21 所示。

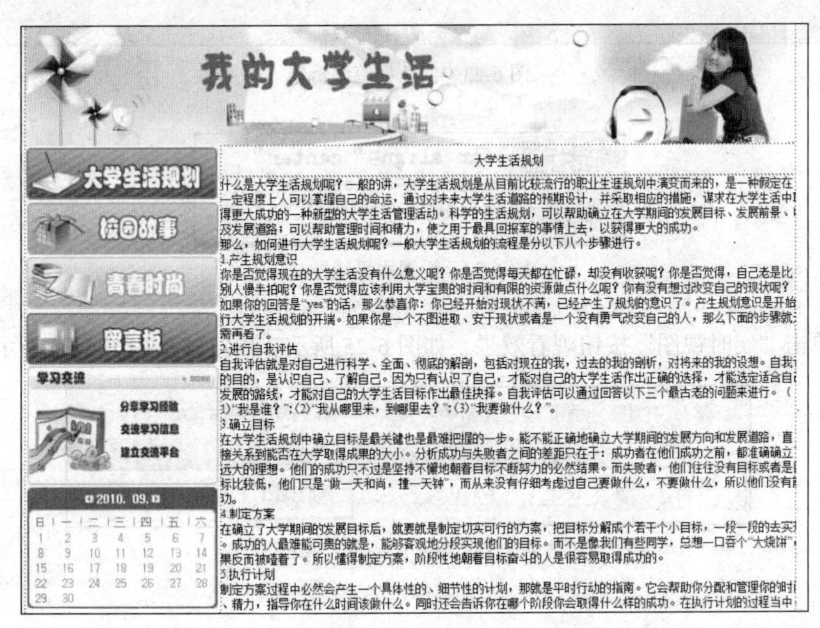

图 6-21　输入文字

5．插入水平线

① 将鼠标指针定位到第一段文字末尾，选择“插入”→“HTML”→“水平线”命令，或在插入栏单击“水平线”按钮，在输入文本的下方插入水平线，如图 6-22 所示。

图 6-22 插入水平线

② 用鼠标指针选中新插入的水平线，在“属性”面板中单击按钮，在弹出的“编辑标签”栏中输入“<hr align="center" noshade="noshade" color="#f60000" />”，将水平线的颜色设置为“红色”，如图 6-23 和图 6-24 所示。

图 6-23 快速标签编辑器

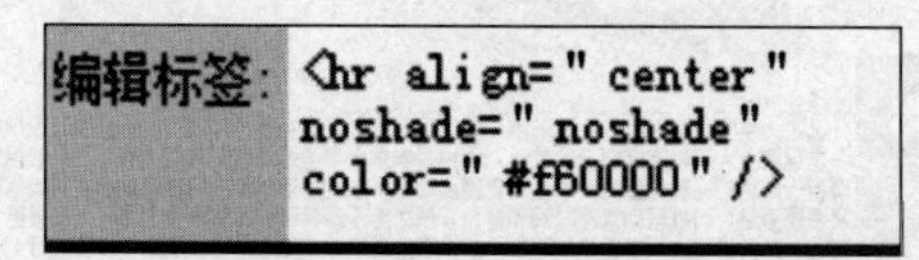

图 6-24 设置水平线样式

③ 单击“实时视图”按钮观看效果，如图 6-25 所示。预览效果如图 6-26 所示。

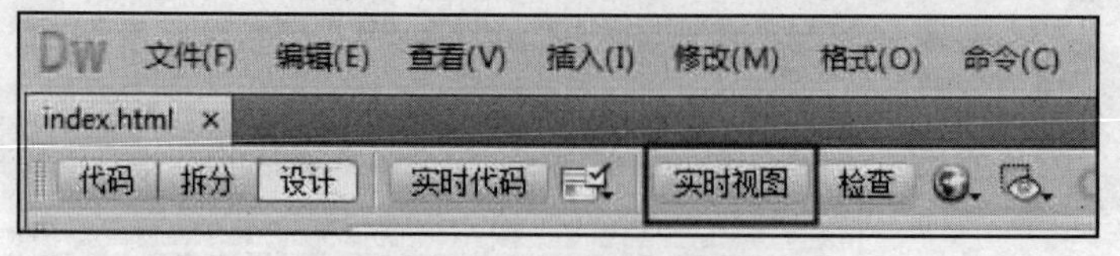

图 6-25 “实时视图”按钮

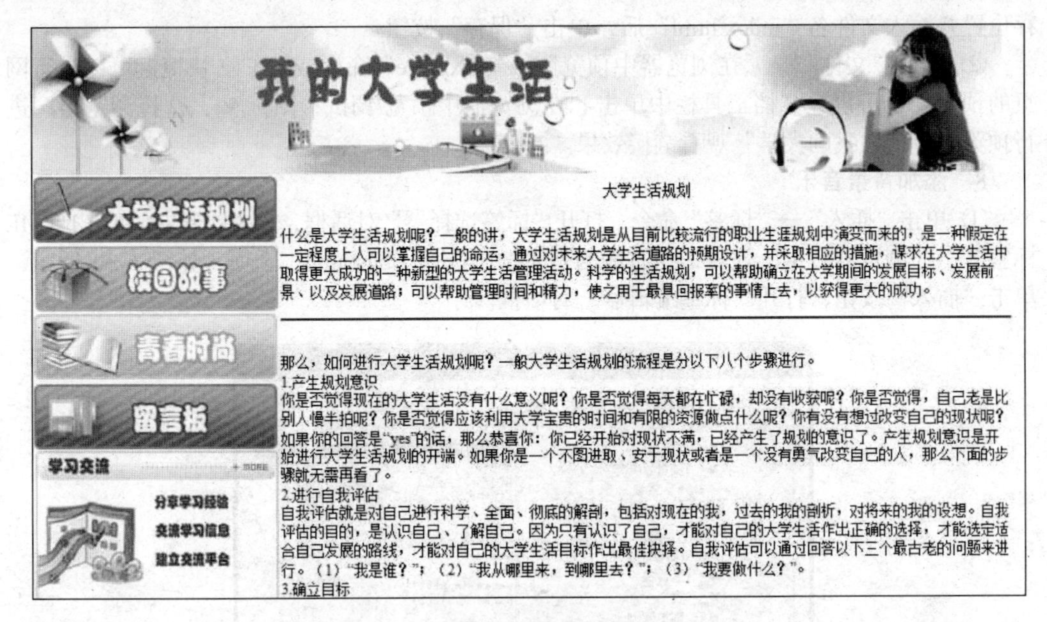

图 6-26　实时效果

6．创建热点链接

① 选择底部图片，单击属性面板上的“矩形热点工具”，如图 6-27 所示。在图片上“我的大学”文字上画出矩形方框，如图 6-28 所示。

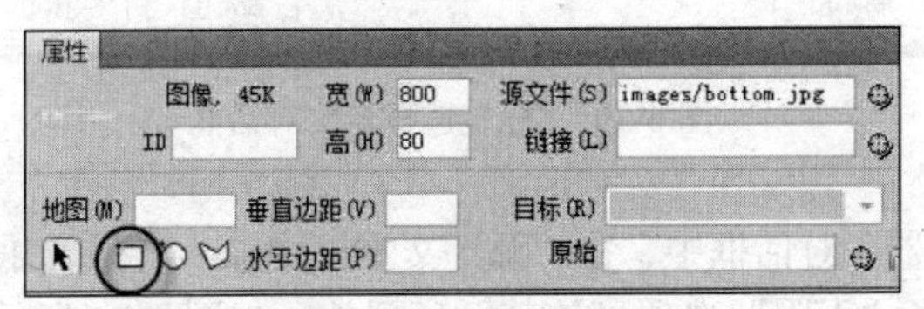

图 6-27　矩形热点工具

图 6-28　画出热点区域

② 在“热点”属性内，输入链接地址 http://www.dlmu.edu.cn，如图 6-29 所示。

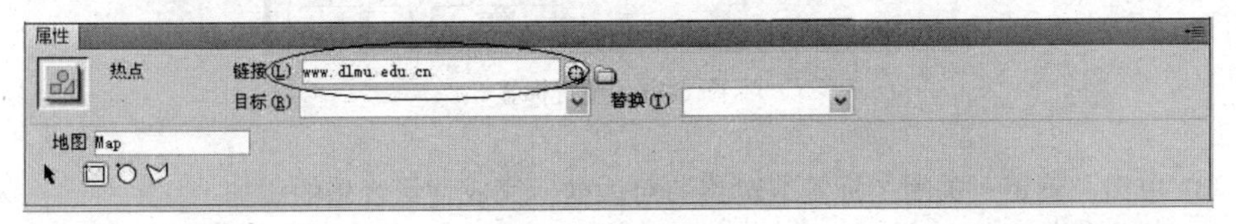

图 6-29　热点属性

7．保存和预览网页

① 单击“文件”→“保存”按钮或按 Ctrl+S 组合键，打开“另存为”对话框。选择保

存位置并输入文件名“index.html”后，单击“保存”按钮。

② 选择“文件”→“在浏览器中预览”→“Iexplore”命令或按F12快捷键可以进行网页的预览。也可以在文档工具栏中单击“在浏览器中预览/调试”图标，选择浏览器，进行预览。单击“我的大学”观看链接效果。

8．添加背景音乐

① 单击“插入”→“标签”命令，打开“标签选择器”对话框，依次展开左侧的“HTML标签”→“浏览器特定”列表，在右侧的列表框中选择“bgsound”选项，如图6-30所示，单击“插入”按钮，打开“标签编辑器”对话框。

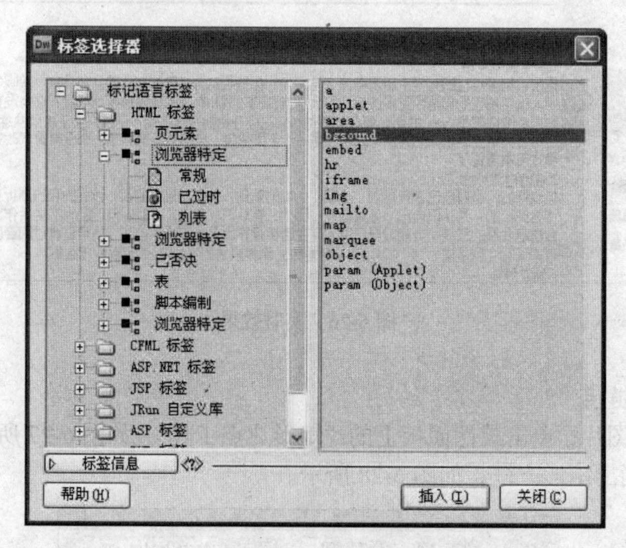

图6-30 “标签选择器”对话框

② 在“标签编辑器”对话框中，在“源”文本框中输入背景音乐的路径及名称，在“循环”下拉列表框中选择“无限”选项可使其循环播放，如图6-31所示。

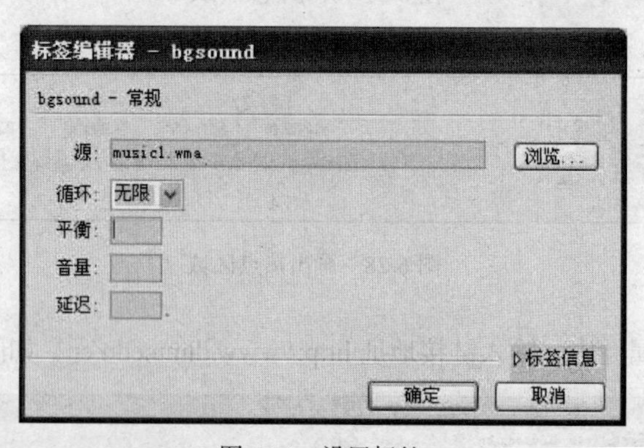

图6-31 设置标签

③ 单击“确定”关闭“标签编辑器”对话框，完成背景音乐的添加。

9．制作网页间的链接

① 用同样的方法制作“校园故事”页面xygs.html，“青春时尚”页面qcss.html。

② 选择index.html网页，单击左侧导航栏“校园故事”图片，在属性面板中单击“链接”右侧的文件夹按钮，并在弹出窗口中选择xygs.html，设置图片的边框为0。

③ 单击“青春时尚”图片，在属性面板中单击“链接”右侧的文件夹按钮，并在弹出窗口中选择 qcss.html，设置图片的边框为 0，如图 6-32 所示。

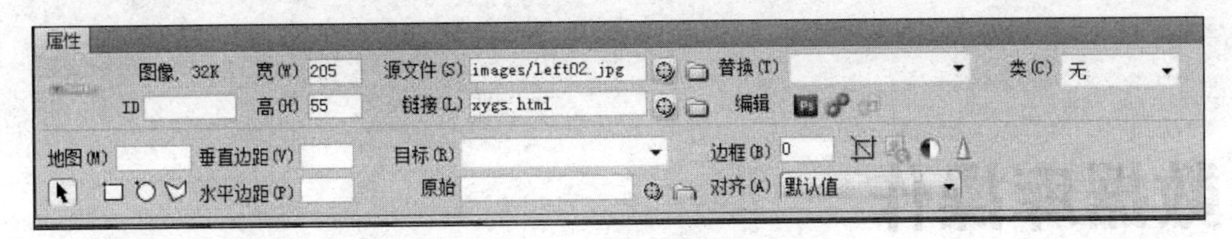

图 6-32　设置图片链接

④ 用同样的方法，在 xygs.html 和 qcss.html 页面设置左侧导航栏图片的超链接。

⑤ 按 F12 预览网页，单击左侧导航图片，查看链接效果。

第 7 章

数据库操作

实验一 Access 数据库表的建立和维护

一、实验目的

（1）掌握建立和维护 Access 数据库的一般方法。

（2）掌握用 SQL 语言更新数据库的方法。

二、实验内容

1．建立数据库

创建一个 Access 数据库，文件名为“学生.accdb”，存放在“桌面”上，在其中建立表“students”。

（1）操作步骤

① 启动 Access，在打开的如图 7-1 所示窗口中，选择“新建”→“空数据库”。通过单击窗口右下方的“浏览”按钮，设置数据库保存的位置为“桌面”、保存类型为“Microsoft Accesss 2010 数据库（*.accdb）”、文件名为“学生.accdb”，单击“创建”按钮，即可创建一个以“学生”为主文件名的 Access 数据库，同时打开一个如图 7-2 所示的窗口。

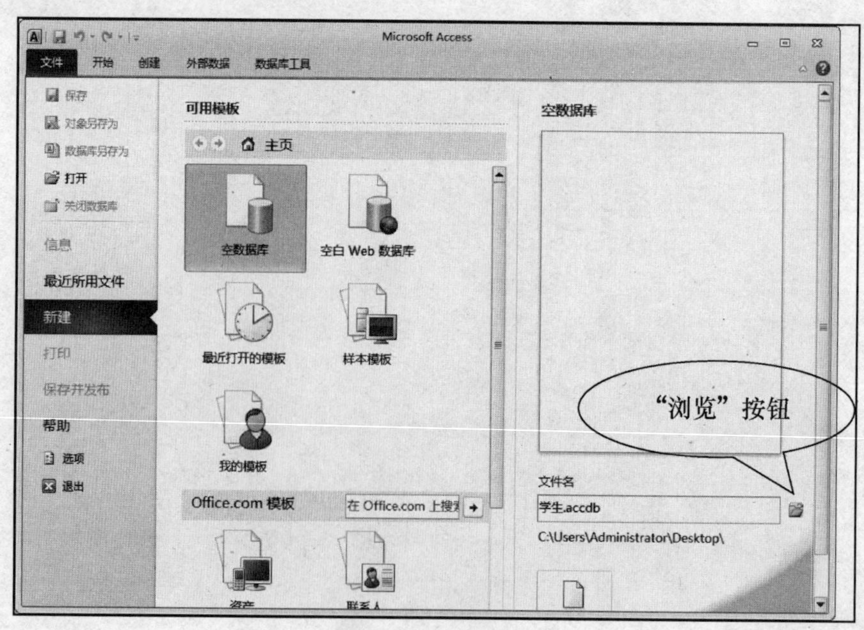

图 7-1 新建数据库

② 单击“视图”工具组下的“设计视图”，将新表命名为“students”，根据表 7-1 所示的内容，在“字段名称”栏中输入字段名，并为其设置数据类型、字段大小。

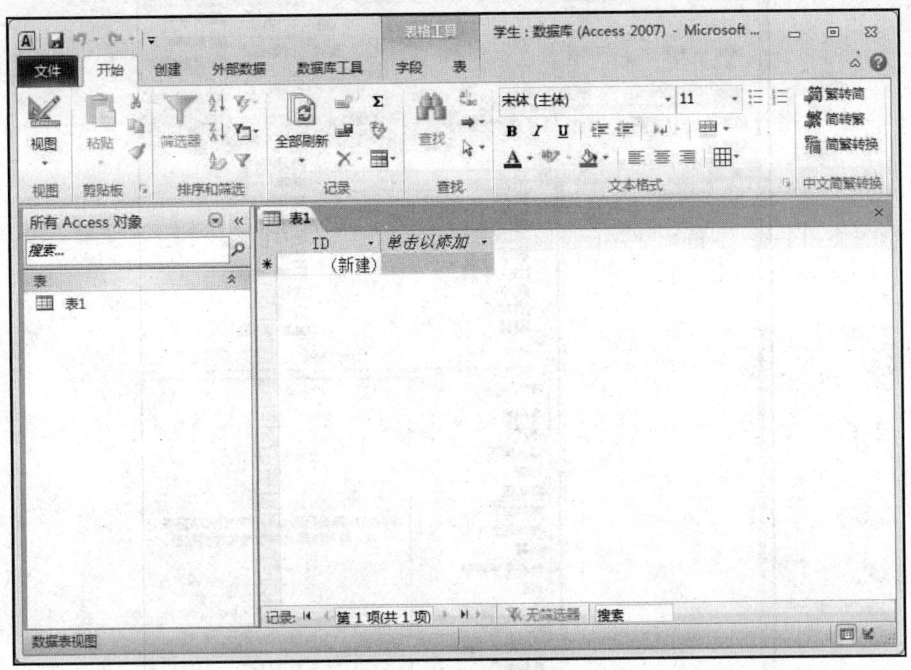

图 7-2　新建数据库窗口

表 7-1　　students 表的结构

字段名称	数据类型	字段大小
学号	文本	9 个字符
姓名	文本	5 个字符
性别	文本	1 个字符
党员	是/否	1 位
班级	文本	10 个字符
出生年月	日期/时间	8 个字节
奖学金	货币	8 个字节
助学金	货币	8 个字节
照片	OLE 对象	最多 1G 字节

③ 建好数据库结构后，定义“学号”为主键，定义方法为：单击表中“学号”一行，然后单击工具栏中“主键”图标按钮。主键的作用是可以唯一地标识表中的每一条记录。创建好的表 students 的结构如图 7-3 所示。

至此，表 students 建立完成，可以向其中输入数据。建立表的另外一种方法是直接向表中输入数据，在此不做介绍。

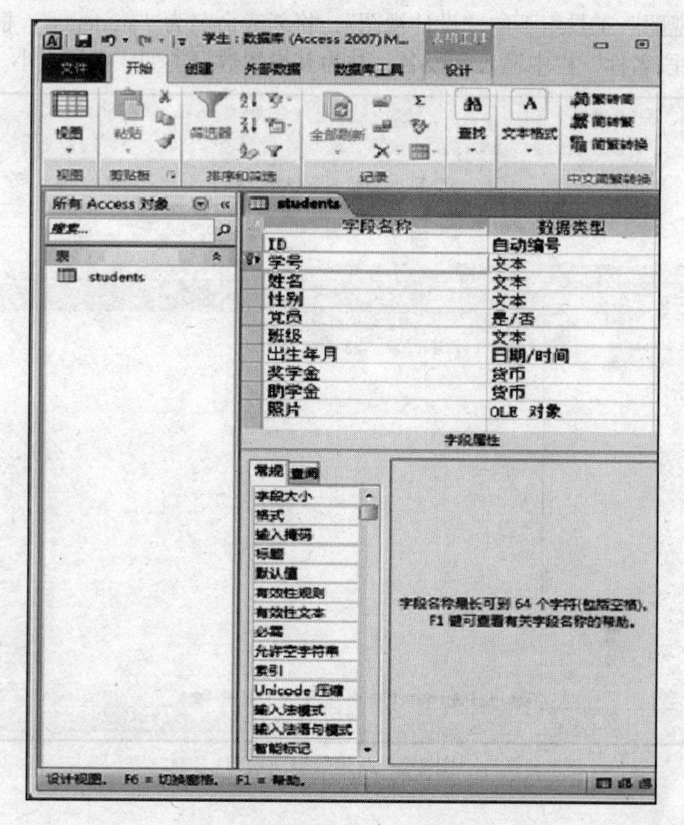

图 7-3 创建的 students 表结构

（2）分析总结

创建数据库表时，部分字段类型宽度是系统自动设置的，不用输入。如表中的“党员”字段为逻辑类型，其字段大小默认为 1。“出生年月”字段为日期/时间数据类型，其字段大小默认为 8。“奖学金”和“助学金”字段都为货币类型，其字段大小也默认为 8。

若表中主键由两个字段构成，则应先单击表中第 1 个字段行，然后左手按住 Ctrl 键，右手同时单击第 2 个字段行，再按工具栏中的“主键”图标按钮，即可完成由两个字段构成主键的设置。

表结构的建立除考虑该字段数据的类型外，还要根据数据所需的最多位数确定各字段的大小。如“学号”字段，该字段存储的数据为字符型，且其字段最多位数为 9，故选择文本类型，字段大小为 9。

注：扩展名.accdb 是采用 Access 2010 文件格式的数据库的标准文件扩展名，无法使用 2007 之前的 Access 版本打开 Access 2010 以.accdb 文件格式创建的文件。

2．数据库的管理与维护

（1）向表中输入数据

操作步骤如下。

双击刚创建的表 students，进入数据表视图，依次输入数据，如图 7-4 所示。

若要添加照片，可选中照片一栏，然后单击右键，从快捷菜单中选择“插入对象”→“由文件创建”→“浏览”选项，选择照片即可。

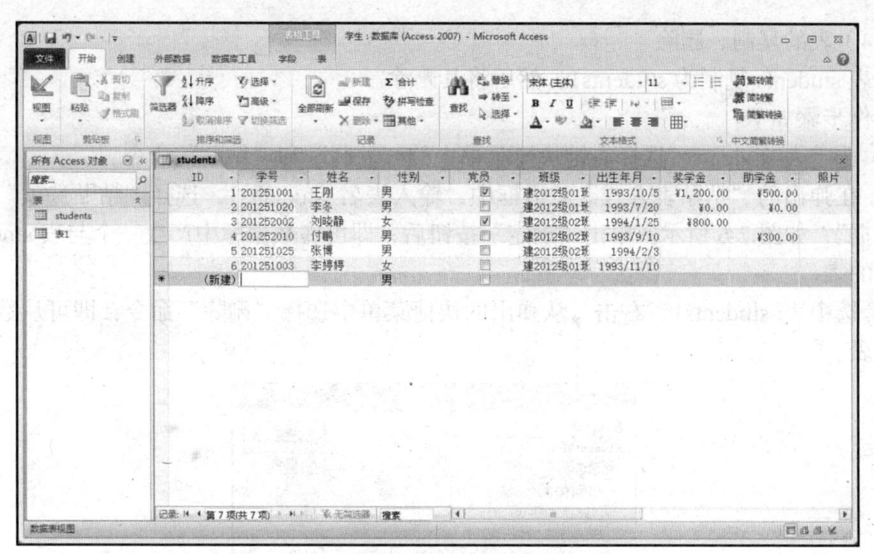

图 7-4　数据表视图

（2）表结构的修改

选定表，如“students”，单击“视图”工具下的“设计视图”按钮，即可进入设计视图来对表的结构进行修改。

对字段名称、字段类型和字段属性，可以进行插入、删除、移动等操作，还可以重新设置主键。

（3）数据的导入、导出

导出：采用“外部数据”选项卡“导出”工具组中的命令，可将表格数据导出，保存成Excel 文件、文本文件等。

导入：采用“外部数据”选项卡“导入”工具组中的命令，可将 Excel、Access、ODBC 数据库中的数据导入到表格中。

例如，将 students 表中的数据导出，以文本文件的形式保存在 D 盘中。

操作步骤如下。

① 打开表 students，单击“外部数据”选项卡下“导出”工具组中的“文本文件”命令，打开“导出-文本文件”对话框。

② 选择保存位置为 D 盘，导出文件名为 students.txt，根据需要选择“指定导出选项”，如选择“导出数据时包含格式和布局”。

③ 单击“确定”按钮后，在弹出的“对 students 的编码方式”对话框中，选择用于保存该文件的编码方式为“Windows（默认）”，单击“确定”按钮即可完成数据的导出。导出结果如图 7-5 所示。

students.txt - 记事本

文件(F) 编辑(E) 格式(O) 查看(V) 帮助(H)

学号	姓名	性别	党员	班级	出生年月	奖学金
201251001	王刚	男	True	航海12级01班	1993/10/5	¥1,200.0
201251003	李婷婷	女	False	航海12级01班	1993/7/20	
201251020	李冬	男	False	航海12级01班	1994/1/25	¥800.0
201251025	张博	男	False	航海12级01班	1993/9/10	
201252002	刘晓静	女	True	航海12级02班	1994/2/3	
201252010	付鹏	男	False	航海12级02班	1993/11/10	

图 7-5　数据导出结果

（4）表的复制、删除

将表 students 复制为 students1，然后将其删除。

操作步骤如下。

① 选定表 students，选择右键快捷菜单中的“复制”和“粘贴”命令。

② 在弹出的“粘贴表方式”对话框中，输入表名 students1，选择“粘贴选项”为“结构和数据”，如图 7-6 所示。单击“确定”按钮后，即可在数据库中产生一个与表 students 完全相同的表。

③ 选中表 students1，右击，从弹出的快捷菜单中选择“删除”命令，即可从数据库中删除此表。

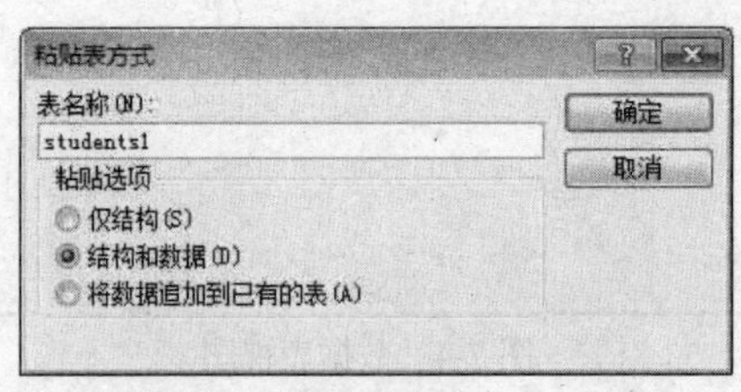

图 7-6 “粘贴表方式”对话框

3．SQL 的数据更新命令

（1）INSERT 命令

格式：INSERT INTO 表名<字段 1，字段 2……字段 n>

VALUES(常量 1，常量 2，……常量 n)

例如，向 students 表中插入记录：

"201253007", "朱元东", "男", TRUE, "航海 12 级 03 班", #2/22/1993#,800,200

操作步骤如下。

① 单击“创建”选项卡下的“查询设计”选项，在打开的对话框中不做任何的修改，直接关闭对话框，目的是建立一个空查询。

② 单击“查询工具”中“设计”选项卡中的 SQL 选项，切换到 SQL 视图。

③ 在“查询 1”视图中，输入 SQL 命令，如图 7-7 所示。

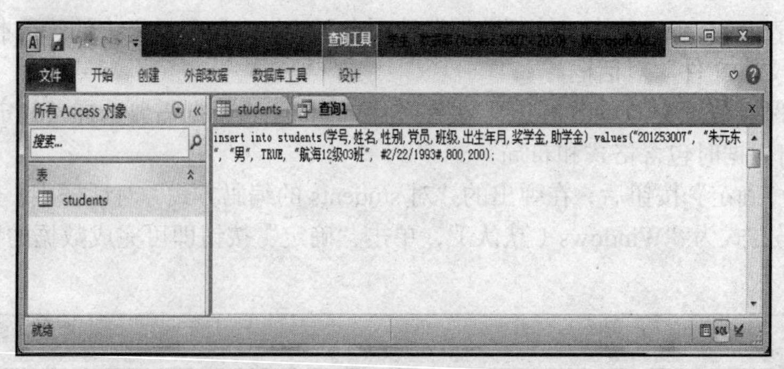

图 7-7 输入 INSERT 命令

④ 单击“运行”命令 !，则执行相应的插入操作。

⑤ 打开 students 表，可以看到在该表的最后添加了一条新的记录。

（2）UPDATE 命令

UPDATE 命令用于修改数据。

格式：UPDATE 表名 SET 字段 1=表达式 1，……，字段 n=表达式 n

```
[WHERE 条件]
```

例如：将表 studenst 中的“王刚”改为“王浩”。

```
UPDATE students SET 姓名 = "王浩" WHERE 姓名="王刚"
```

例如：将表 students 中奖学金低于 1000 元的学生的助学金加 100 元。

```
UPDATE students SET 助学金 = 助学金+100
WHERE 奖学金<1000
```

（3）DELETE 命令

```
格式：DELETE FROM 表名 <WHERE 条件>
```

例如：将表 students 中学号为 201253007 的记录删除。

```
DELETE FROM students WHERE 学号="201253007";
```

做完该操作后再执行一次（1）创建的查询，并保存数据库。

（4）分析总结

① 语句中的文件名一定要与原数据库表名一致，如本例中表名应为 students，若写成 Students 或 STUDENTS，则会出错。

② 插入数据时，应避免插入记录与现有库中数据冲突。如本例 students 表的主键为“学号”，所以插入的记录中的学号不能重复，否则出错。

三、练习

1．建立数据库

① 创建一个名为 Study.accdb 的数据库，将其存放在 D 盘“access 练习”文件夹中。

② 在数据库文件 Study.accdb 中创建表 Students，该表结构如表 7-2 所示，其中学号设为主键。

表 7-2 Students 的结构

字段名称	字段类型	字段宽度
学号	Text	9 个字符
姓名	Text	4 个字符
性别	Text	1 个字符
专业	Text	20 个字符
出生年月	Date/Time	8 字节
奖学金	Currency	8 字节

③ 将表 7-3 中的数据输入 Students 表中。

表 7-3 Students 的数据

学号	姓名	性别	专业	出生年月	奖学金
201200001	丁宁	男	计算机	1994-6-2	￥1000
201201002	于海	男	企业管理	1994-2-22	￥2000
201201005	马卫东	男	通信工程	1993-10-15	￥1500
201201012	王子	男	法学	1993-8-22	￥500
201202025	王晓娜	女	音乐	1994-7-3	￥1000
201202021	东方明	女	计算机	1993-11-12	￥1000
201203009	刘勇	男	计算机	1993-10-2	￥3000
201203014	刘东东	女	通信工程	1994-9-25	￥1500
201204006	杨阳	女	企业管理	1994-5-22	￥500

④ 创建表（未知表结构）。根据表 7-4 中的数据，先确定表 Scores 的结构，然后在 Study.accdb 中创建该表。

表 7-4　Scores 的数据

学　号	课　程	成　绩
201200001	数据库概论	87
201200001	高等数学	85
201201002	管理学基础	75
201201005	模拟电路	64
201201005	大学英语	56
201201012	民法	78
201201012	经济法	88
201202025	乐理	75
201202021	数据库概论	79
201202021	高等数学	88
201202021	大学英语	75
201203009	数据库概论	46
201203009	C++程序设计	60
201203014	数字电路	65
201203014	大学英语	90
201204006	管理学基础	88

⑤ 复制表。将表 Students 复制为 Students1 和 Students2。

2．修改表的结构

例如，修改表 Students1 的结构。

① 修改字段的长度：将姓名字段的宽度由 4 改为 6。

② 修改字段的名称：将专业字段的名称改为“所学专业”。

③ 添加新的字段：字段名称为“籍贯”，数据类型为文本型（Text），字段长度为 6，并为各个记录输入相应的籍贯信息。

④ 调整字段的位置：将“出生年月”字段移到“专业”字段之前。

3．使用 SQL 命令对数据库进行操作

（1）使用 SQL 命令建立、修改和删除表

按以下要求完成表的各种操作。

① 创建表：根据表 7-5 所示的结构，在 Study.accdb 中创建表 Courses。

表 7-5　Courses 的结构

字段名称	数据类型	字段宽度
课号	Text	6 个字符
课程名	Text	10 个字符
任课教师姓名	Text	4 个字符

② 复制表：为表 Courses 复制一个备份 Courses1。

③ 修改字段的长度：将表 Courses1 课号字段的长度改为 8 字符。

④ 增加一个新的字段：在表 Courses1 增加一个字段，字段名为教师所在院系，字段类

型为 Text、字段长度为 10。

⑤ 删除表：用 SQL 命令删除备份 Courses1。

（2）使用 SQL 的数据更新命令对表进行操作

① 对表 Courses 用 INSERT 语句插入一条记录，记录内容如下：

10001　　高等数学　　王宏

② 对表 Courses 用 INSERT 语句插入一条记录，记录内容如下：

10002　　数据库概论　　李伟

③ 在表 Students1 中，用 DELETE 语句删除女生中奖学金低于 1000 元的记录。

④ 在表 Students1 中，用 UPDATE 语句将姓名“刘勇”修改为“刘睿”。

实验二　SQL 语句

一、实验目的

掌握 SQL 语言的 SELECT 命令的使用方法。

二、实验内容

1．基本句式

格式：SELECT　字段名表　FROM 表名

创建查询的方法可参考上个实验中的介绍。

① 查询所有学生的基本情况。

对实验一中所建的数据库文件“学生.accdb”进行如下操作。

```
SELECT 学号,姓名,性别,党员,班级号,出生年月,奖学金,助学金,照片
FROM  students;
```

用符号*表示所有的字段，则上述语句可改为：

```
SELECT * FROM students ;
```

查询结果如图 7-8 所示。

图 7-8　基本情况查询结果

字段名表可以是 SQL 库函数的表达式，SQL 常用函数如表 7-6 所示。

表 7-6　SQL 常用函数

函数名	描　述
AVG	计算查询的指定字段中所包含的一组值的算术平均值
COUNT	计算查询所返回的记录数

续表

函数名	描　述
SUM	返回查询的指定字段中包含的一组值的总和
MAX 与 MIN	返回查询的指定字段中包含的一组值的最大值或最小值

② 查询学生人数、最低奖学金、最高奖学金、平均奖学金和平均助学金。

```
SELECT COUNT(*) AS 人数,
MIN(奖学金) AS 最低奖学金, MAX(奖学金) AS 最高奖学金,
AVG(奖学金) AS 平均奖学金, AVG(助学金) AS 平均助学金
FROM students;
```

查询结果如图 7-9 所示。

图 7-9　使用 SELECT 语句及函数的查询结果

③ 查询所有的班级号。

```
SELECT DISTINCT 班级 FROM students;
```

查询结果如图 7-10 所示。如果删除 DISTINCT，则查询结果如图 7-11 所示。

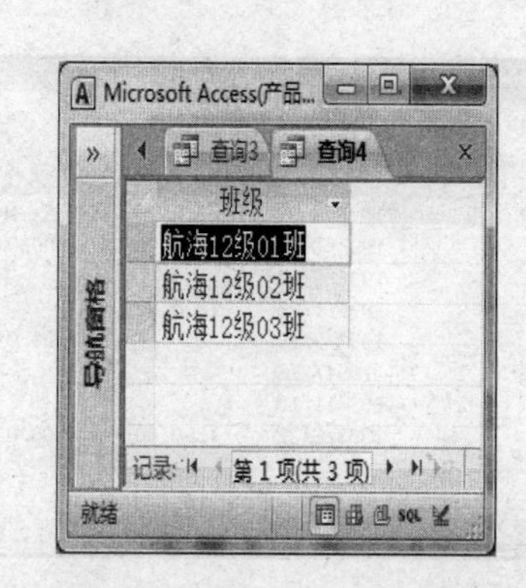

图 7-10　有 DISTINCT 选择结果

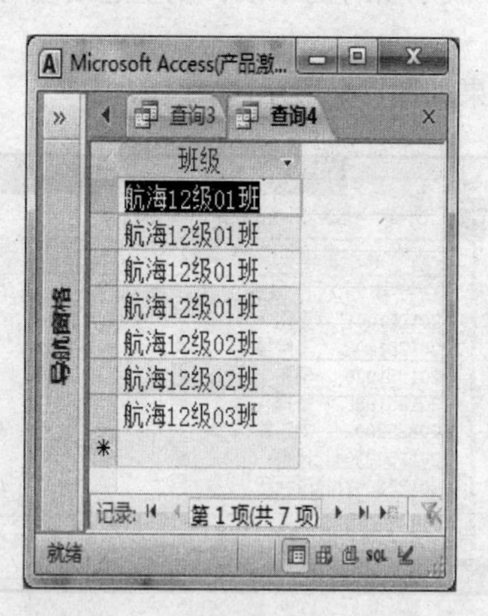

图 7-11　无 DISTINCT 选择结果

④ 查询所有人的学号、姓名、班级、奖学金+助学金的总金额。

```
SELECT 学号,姓名,班级号,奖学金+助学金 AS 总金额 FROM students;
```

查询结果如图 7-12 所示。

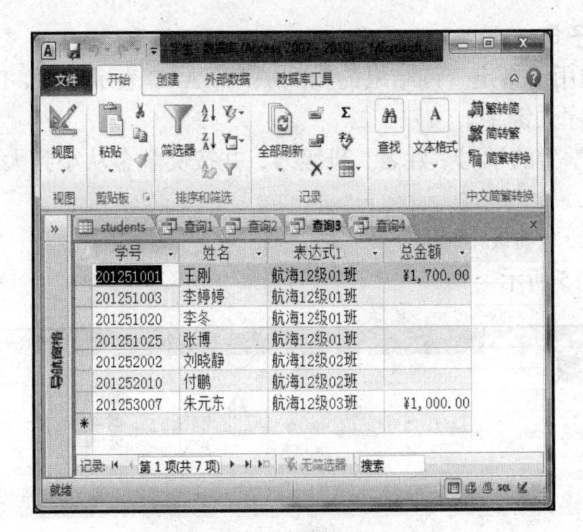

图 7-12　带运算符的选择结果

2．WHERE 子句

WHERE 子句的作用：一是选择记录，输出满足条件的记录；二是建立多个表或查询之间的连接。

① 查询航海 2012 级 01 班学生的学号、姓名、性别、党员、奖学金和班级号。

```
SELECT 学号,姓名,性别,党员,奖学金,班级
FROM students WHERE 班级="航海 12 级 01 班";
```

查询结果如图 7-13 所示。

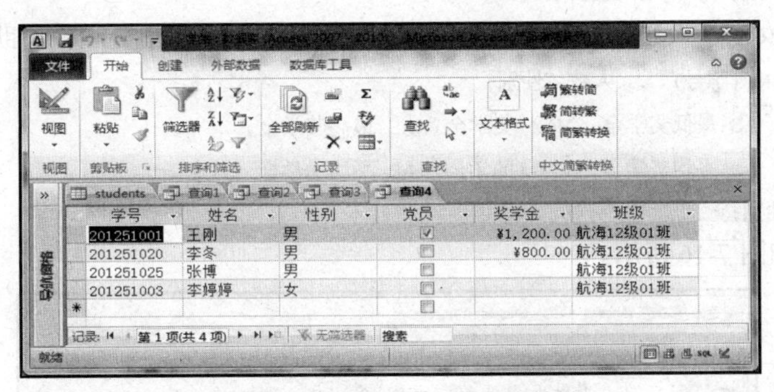

图 7-13　航海 12 级 01 班查询结果

② 查询 1994 年以后出生的女生学号、姓名、性别、出生年月。

```
SELECT 学号,姓名,性别,出生年月
FROM students WHERE 出生年月>#1/1/1994# AND 性别="女";
```

查询结果如图 7-14 所示。

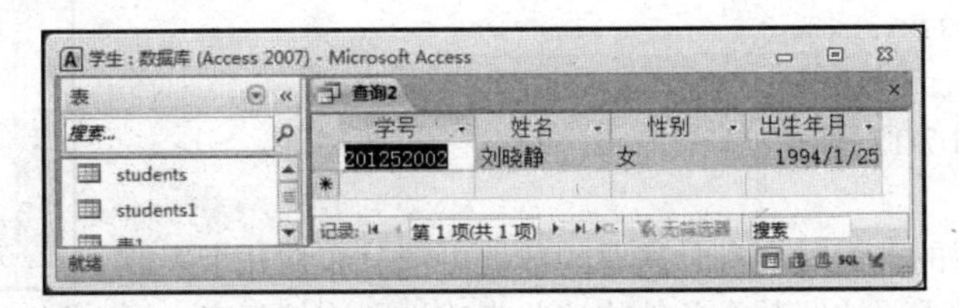

图 7-14　1994 年后出生的女生查询结果

3．ORDER BY 子句

ORDER BY 子句用于指定查询结果的排列顺序。ASC 表示升序，DESC 表示降序。它可以指定多个列作为排序关键字。

例如，查询所有学生的学号、姓名、班级号，并按奖学金从小到大，班级从大到小排序。

```
SELECT 学号,姓名,班级,奖学金 FROM students
ORDER BY 奖学金 ASC,班级 DESC;
```

查询结果如图 7-15 所示。

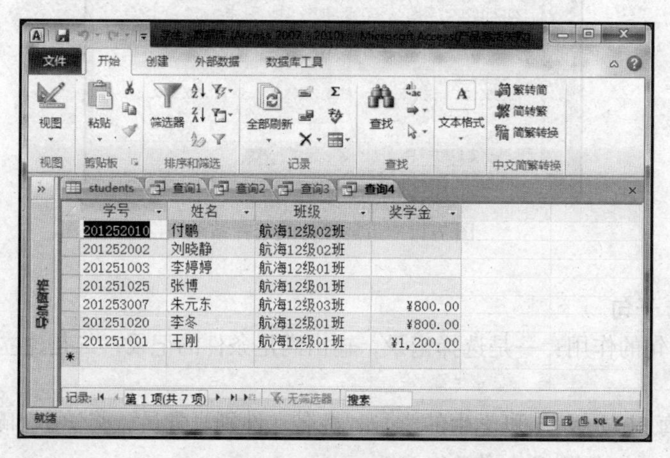

学号	姓名	班级	奖学金
201252010	付鹏	航海12级02班	
201252002	刘晓静	航海12级02班	
201251003	李婷婷	航海12级01班	
201251025	张博	航海12级01班	
201253007	朱元东	航海12级03班	¥800.00
201251020	李冬	航海12级01班	¥800.00
201251001	王刚	航海12级01班	¥1,200.00

图 7-15　排序查询结果

4．GROUP BY 子句和 HAVING 子句

① 查询男女同学人数、最低奖学金、最高奖学金、平均奖学金和平均助学金。

```
SELECT COUNT(学号) AS 人数，性别，
MIN(奖学金) AS 最低奖学金，MAX(奖学金) AS 最高奖学金，
AVG(奖学金) AS 平均奖学金，AVG(助学金) AS 平均助学金 FROM students
GROUP BY 性别;
```

查询结果如图 7-16 所示。

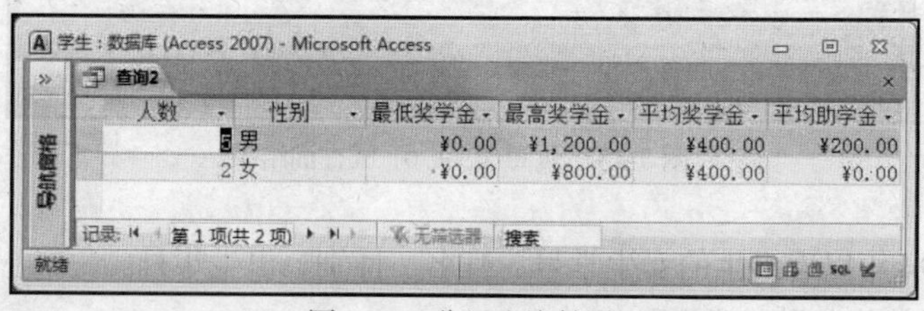

人数	性别	最低奖学金	最高奖学金	平均奖学金	平均助学金
5	男	¥0.00	¥1,200.00	¥400.00	¥200.00
2	女	¥0.00	¥800.00	¥400.00	¥0.00

图 7-16　分组查询结果

② 查询奖学金大于等于 800 元的学生的姓名。

```
SELECT 姓名 FROM students
GROUP BY 姓名 HAVING MIN(奖学金)>=800;
```

查询结果如图 7-17 所示。

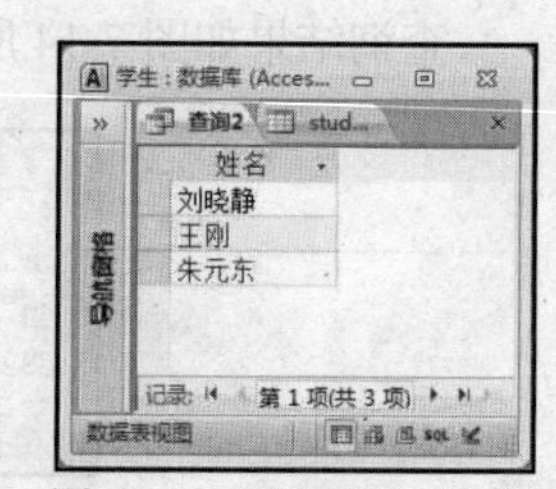

姓名
刘晓静
王刚
朱元东

图 7-17　HAVING 子句过滤后的查询结果

5．连接查询

在进行数据库的查询时，有时需要的数据可能分布在几个表或几个视图中，此时需要按照某个条件将这些表或视图连接起来，形成一个临时的表，然后再对该临时表进行简单查询。

为说明连接查询，在数据库“学生.accdb”中，创建另一个表 class，其数据结构如表 7-7 所示，数据如图 7-18 所示。

表 7-7 class 表的结构

字段名称	字段类型	字段宽度
班级	文本	10
专业	文本	20
学制	文本	2
班主任	文本	4
班长	文本	6

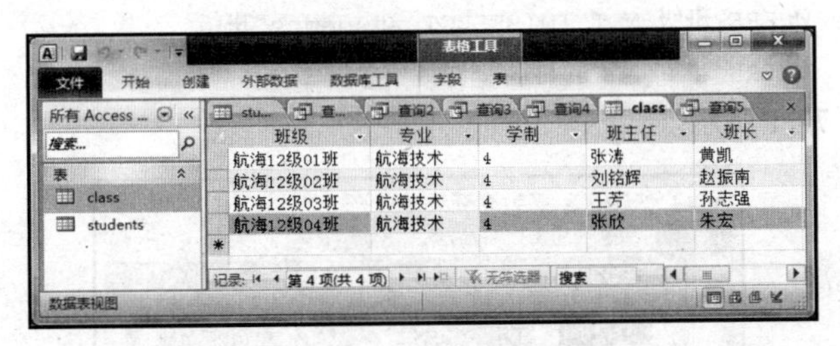

图 7-18 class 表

例如，查询所有学生的学号、姓名、专业、班主任和学制。

```
SELECT students.学号,students.姓名,class.专业,class.学制,class.班主任
FROM students,class WHERE students.班级=class.班级;
```

查询结果如图 7-19 所示。

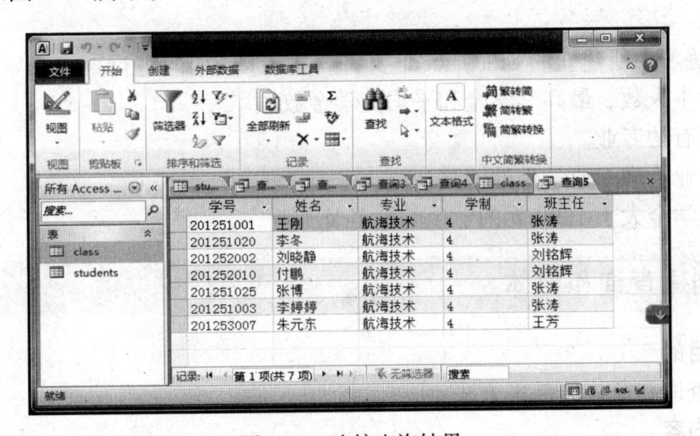

图 7-19 连接查询结果

6．嵌套查询

（1）选择所有和“张博”一个班的学生的学号、姓名、性别和班级号。

```
SELECT students.学号,students.姓名,students.性别,students.班级
FROM students WHERE 班级
IN(SELECT students.班级 FROM students WHERE students.姓名="张博");
```

查询结果如图 7-20 所示。

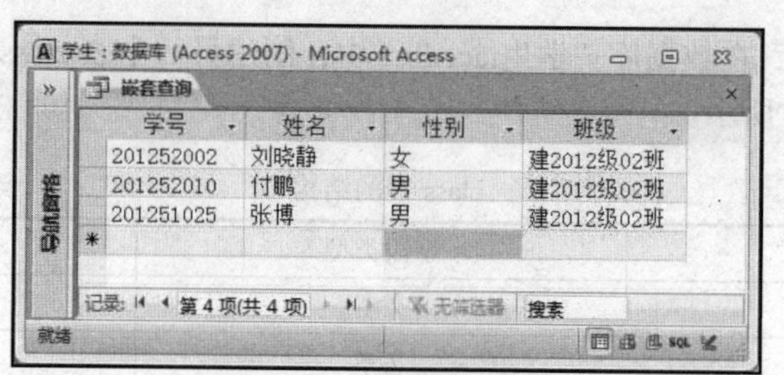

图 7-20　嵌套查询 1 结果

（2）若选择和张博不在一个班的学生，则用如下命令。

```
SELECT students.学号, students.姓名, students.性别, students.班级
FROM students WHERE 班级 NOT IN(SELECT students.班级
FROM students WHERE students.姓名="张博");
```

查询结果如图 7-21 所示。

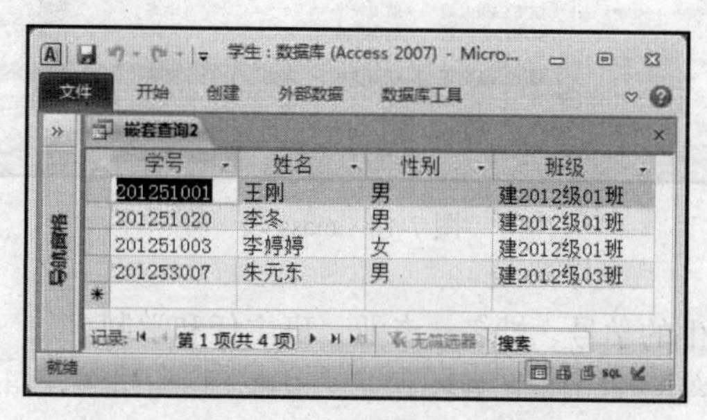

图 7-21　嵌套查询 2 结果

三、练习

对实验一练习中所建立的 Study.accdb 文件，用 select 语句进行查询。

① 查询学生人数、最高奖学金和平均奖学金数额。

② 查询所有的专业。

③ 查询企业管理专业学生的情况。

④ 查询奖学金大于 1000 元的学生的姓名及专业。

实验三　创建查询和窗体

一、实验目的

掌握创建查询和窗体的基本方法。

二、实验内容

1．创建查询

在 Access 中创建查询的方法有两种：一是通过查询向导创建查询，二是使用查询设计创建查询。采用查询向导可以进行简单查询、交叉表查询、查找重复项查询和查找不匹配项查询。

（1）使用查询向导查询所有学生的基本情况。

操作步骤如下

① 单击“创建”选项卡中的“查询向导”，在打开的“新建查询”对话框中选择“简单查询向导”，如图 7-22 所示。

② 选定表 students，再选择要查询的字段，单击 » 按钮可选择所有字段，单击 › 按钮可选择某个选中的字段，如图 7-23 所示。

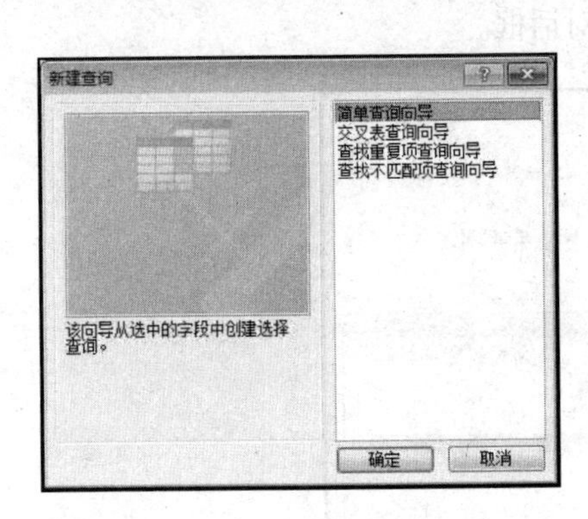

图 7-22　简单查询

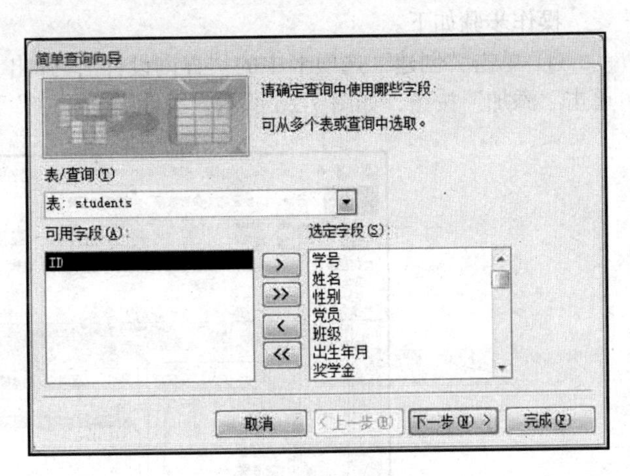

图 7-23　选定的表和字段

③ 单击“下一步”按钮，选择“明细”查询方式，显示每一条记录，如图 7-24 所示。

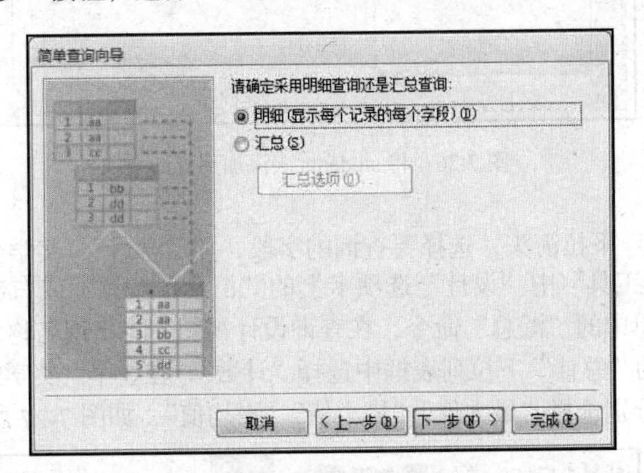

图 7-24　明细查询

④ 单击“下一步”按钮，为查询指定标题，如“简单查询”。单击“完成”按钮。

⑤ 查看查询结果，如图 7-25 所示。

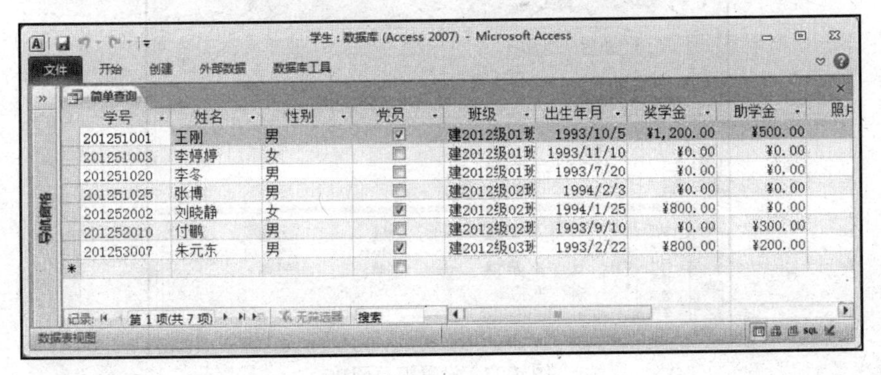

图 7-25　查询结果

（2）使用“查询设计”实现查询。

例如，查询学生人数、最高奖学金、最低奖学金和平均奖学金。

操作步骤如下。

① 单击“创建”选项卡中的“查询设计”，弹出“显示表”对话框。选择表 students，单击“添加”按钮，如图 7-26 所示。关闭“显示表”对话框。

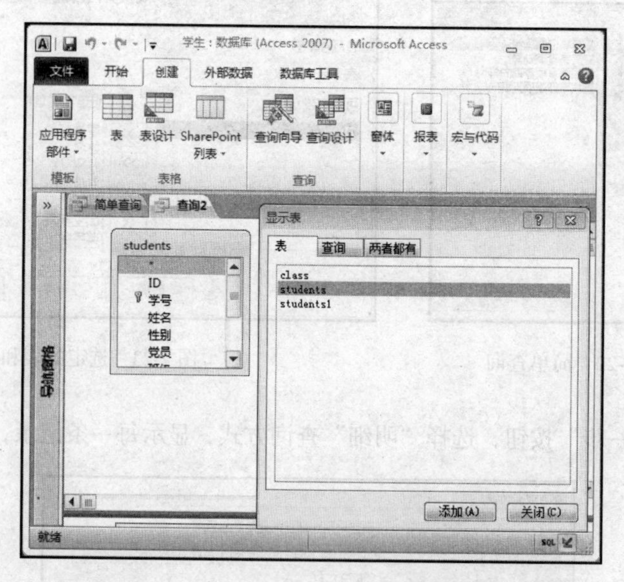

图 7-26　将 students 表添加到查询中

② 单击“字段”下拉箭头，选择要查询的字段，如“学号”“奖学金”。

③ 单击“查询工具”中“设计”选项卡上的“汇总”按钮Σ或右击“查询设计视图”中“排序”快捷菜单中的“汇总”命令，在查询设计视图上将出现名称为“总计”的一行，在“学号”字段下的“总计”下拉列表框中选择“计数”，在 3 个“奖学金”字段对应的“总计”下拉列表框中分别选择“最大值”“最小值”“平均值”，如图 7-27 所示。

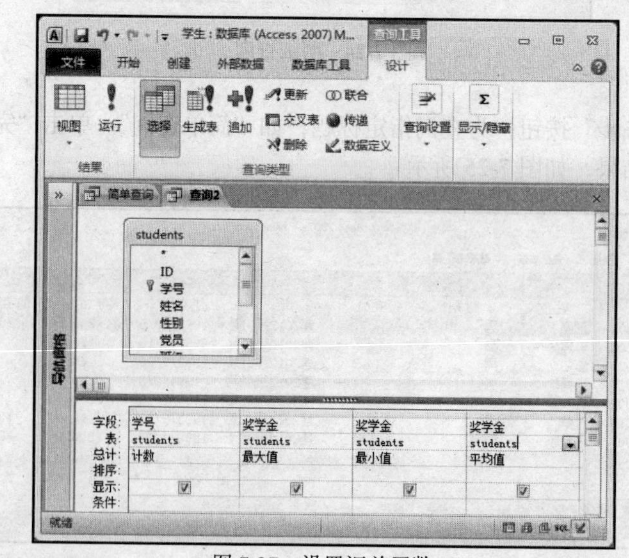

图 7-27　设置汇总函数

④ 单击 ! 按钮执行查询，查看查询结果，如图 7-28 所示。

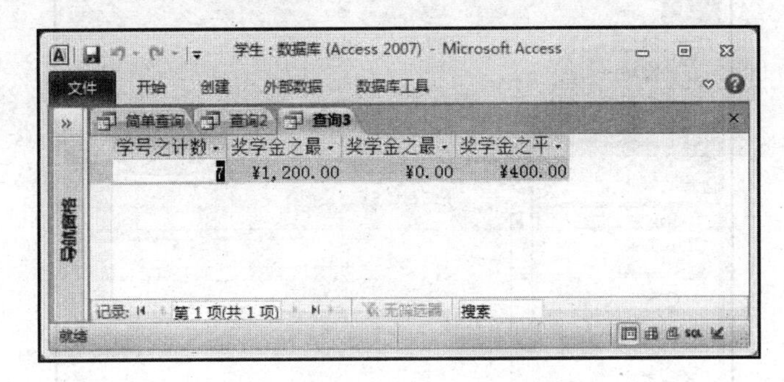

图 7-28　查询结果

⑤ 保存查询结果，另存为“奖学金情况查询”。

2．创建窗体

创建窗体，可以使用“窗体”工具，也可以使用“窗体向导”。创建的窗体可以是单项目窗体，也可以是其他窗体。

（1）例如，使用“窗体”工具快速创建一个单项目窗体，用来维护数据库文件“学生.accdb”中的表 class。

操作步骤如下。

① 在导航窗格中，单击表 class。

② 在“创建”选项卡上的“窗体”组中，单击“窗体”按钮。

③ Access 自动创建窗体，并以布局视图显示该窗体，如图 7-29 所示。

在该布局视图中，可以对窗体进行设计方面的更改，如可调整文本框的大小，使其与数据宽度相适应。

④ 保存窗体，并输入窗体名称“class 维护窗体”，如图 7-30 所示。

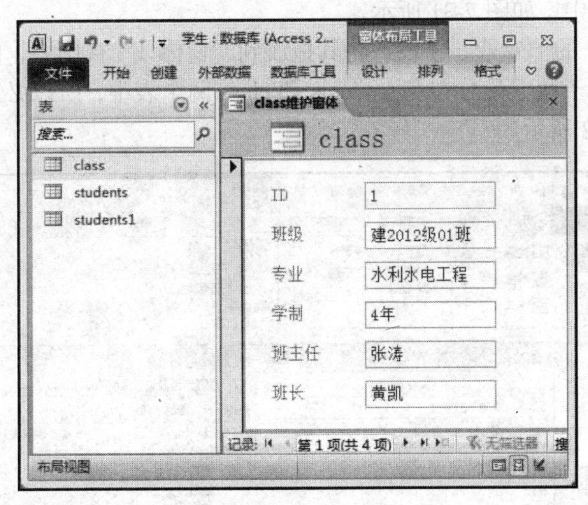

图 7-29　自动创建的单项目窗体

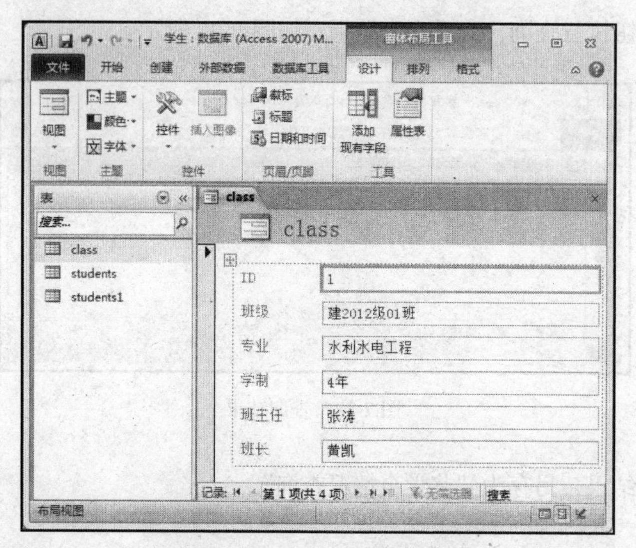

图 7-30　修改设计后保存的窗体

⑤ 使用该窗体时，需切换到窗体视图：在“开始”选项卡上的“视图”组中，单击“视图”下的“窗体视图”。

所创建的 class 维护窗体，既能够显示表 class 的数据，又可以让用户在其上进行添加、修改、删除数据等操作。

（2）创建空白窗体。

创建空白窗体，用以显示学生的学号、姓名、专业。

操作步骤如下。

① 在“创建”选项卡上的“窗体”组中，单击“空白窗体”按钮。

② 在布局视图中，从右侧的字段列表中，将表 students 下的“学号”和“姓名”字段拖放到“窗体 1”视图中，如图 7-31 所示。

③ 选择表 class 的“专业”字段，将其拖放到“窗体 1”视图中，随之打开一个“指定关系”的对话框。由于数据是分布在 students 和 class 两个表中，所以必须先建立两表之间的联系，具体如图 7-32 所示。

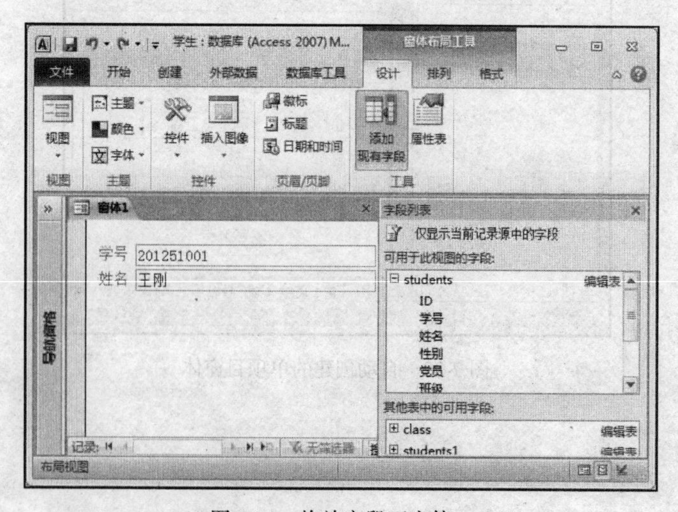

图 7-31　拖放字段至窗体 1

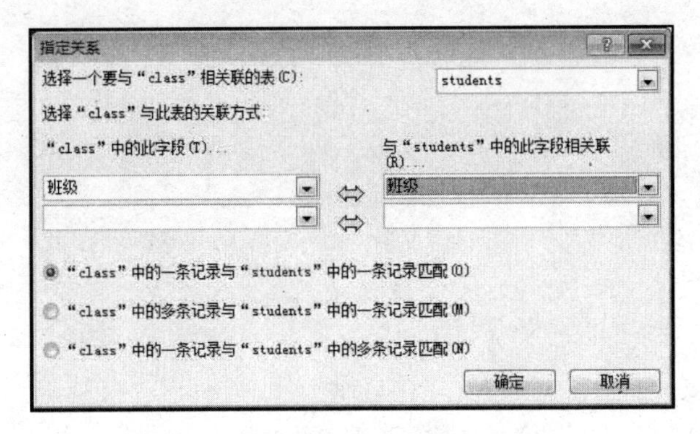

图 7-32　指定表 class 和 students 的关系

④ 单击“确定”按钮，即可创建一个新的窗体，调整文本框至合适大小。保存该窗体为“关联窗体”，如图 7-33 所示。

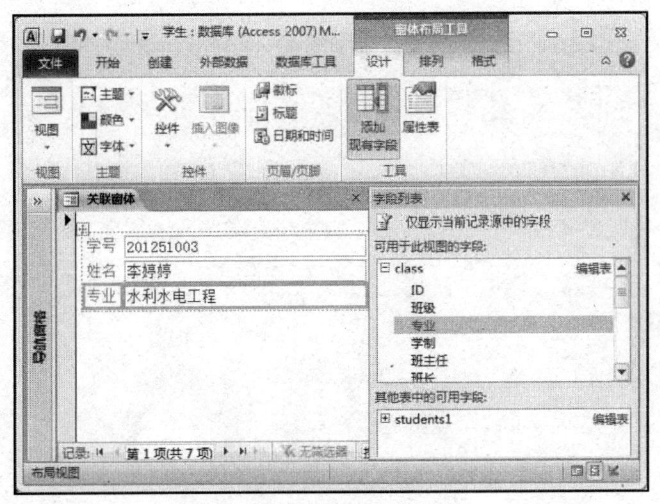

图 7-33　保存新创建的窗体

三、练习

（1）在设计视图中创建查询，查询学生人数及最低奖学金的数额。

（2）练习创建窗体。